矿床学实验指导书

（应用型工科大学参考教材）

闫俊　张敏　向坤　编

沈阳出版发行集团
沈阳出版社

图书在版编目（CIP）数据

矿床学实验指导书／闫俊，张敏，向坤编. -- 沈阳：
沈阳出版社，2023.6
ISBN 978-7-5716-3559-6

Ⅰ.①矿… Ⅱ.①闫… ②张… ③向… Ⅲ.①采矿地
质学 – 实验 – 高等学校 – 教学参考资料 Ⅳ.①P61-33

中国国家版本馆CIP数据核字(2023)第113985号

出版发行：沈阳出版发行集团 ｜ 沈阳出版社
（地址：沈阳市沈河区南翰林路 10 号　邮编：110011）
网　　　址：http://www.sycbs.com
印　　　刷：定州启航印刷有限公司
幅面尺寸：170mm × 240mm
印　　　张：11.5
字　　　数：160 千字
出版时间：2023 年 6 月第 1 版
印刷时间：2023 年 6 月第 1 次印刷
责任编辑：吕　晶
封面设计：优盛文化
版式设计：优盛文化
责任校对：高玉君
责任监印：杨　旭

书　　　号：ISBN 978-7-5716-3559-6
定　　　价：78.00 元

联系电话：024-24112447
E－mail：sy24112447@163.com

矿床学实验课是矿床学学习的重要实践环节，是资源勘查工程专业及相关专业学生掌握基本知识、基本理论、基本技能的必修课。它以理论知识为指导，将典型矿床作为研究对象，使学生通过对矿床标本、图件、文字资料等的观察、分析和研究，深刻理解各类矿床的内涵，掌握矿床形成的地质条件、地质特征、成矿作用和机制，以达到巩固课堂理论内容、提高分析矿床资料和解决实际问题能力的目的。

党的二十大报告指出："实践没有止境，理论创新也没有止境"，矿床学学科的发展正是对这两句话的充分认证。在过去的时间里，广大地质工作者奋斗在一线进行找矿勘查，为祖国各行各业输送矿产资源，为经济的发展提供了材料保障。但随着找矿工作的不断深入、找矿难度的不断加大，出现了一系列"卡脖子"的问题，对未来地质找矿勘查的一线从业人员、科学研究人员提出了更高的要求，同学们要时刻牢记"科学技术是第一生产力"，在实践中发现问题、迸发智慧，为祖国找矿勘查贡献自己的力量。

本实验指导书是根据多年一线教学信息反馈，并结合矿床学学科及科学技术发展趋势，基于编者所在院校 2015 年版内部教材修订的。本书依据矿床学实验完成的基本思路设置了五大章节，分别是第 1 章矿床学实验基础知识、第 2 章矿床学实验研究方法、第 3 章矿床学实验常用仪器及分析方法、第 4 章矿床学实验项目以及第 5 章矿床学虚拟仿真实验项目，其中第 4 章和第 5 章是本实验指导书的核心内容。

本实验指导书主要依据《矿床学》（翟裕生、姚书振、蔡克勤主编）进行矿床类型系统划分，并基于此设置了 9 个实验项目。通过明确实验目的和要求、解析典型矿床实例、指导实验过程、编写实验研究报告书以及延伸思考的方式充分发挥学生的主观能动性，逐步提高学生认识问题、分析问题、发散思维的能力。

随着近年来虚拟仿真技术的发展与应用，编者所在院校于 2016 年建成以分析矿床形成过程为主要内容的矿床成因模拟实验室。虚拟仿真技术的应用在较大程度上提升了学生认识矿床形成过程的能力，师生反馈评价较高，因此本实验指导书也加入了 10 个虚拟仿真实验项目。

在编写本实验指导书过程中，参考了孙华山、何谋春、杨振编著的《矿床学实习指导书》，并引用了前人有关典型矿床研究的文字资料和图表等，文中列出了部分被引用者的姓名和资料发表的时间，但仍然有部分资料因出处不详未能列出，在此向那些无名的被引用者表示歉意，并深表谢忱。

本教材由闫俊、张敏、向坤负责编写，其中第一章、第三章、第四章（1~5 实验项目）由闫俊编写；第二章、第四章（6~7 实验项目）、第五章由张敏编写；第四章（8~9 实验项目）由向坤编写。本书图件由闫俊、张敏编绘。全书由闫俊修订定稿。本书在编写过程中得到了聂爱国教授的修正和支持，并在此过程中始终得到编者所在单位领导和同事的关心和指导。本书是在贵州省普通高等学校隐伏矿床勘测创新团队（黔教合人才团队字【2015】56 号）、贵州省地质资源与地质工程省级重点学科（ZDXK【2018】001）、全国高校黄大年式资源勘查工程教师团队（教师函【2018】1 号）、贵州省地质资源与地质工程人才基地（RCJD2018-3）、贵州省岩溶工程地质与隐伏矿产资源特色重点实验室（黔教合 KY 字【2018】486 号）、省级双一流"资源勘查工程教学团队"（编号 YLDX201614）的支持下完成的，在此谨向给予本教材支持、关心和帮助的有关同志一并致以诚挚的谢意。

尽管付出了最大努力，但是由于编者水平有限，书中可能仍有不足之处，恳请读者批评指正。

编　者

2022 年 6 月 30 日

第 1 章
矿床学实验基础知识

1.1　矿床学实验设计的基本思路

矿床学是资源勘查工程专业及相关专业本科阶段的必修课程，它以矿床为研究对象，研究内容包含对矿石的认识及其在矿体中的分布和变化、矿体的赋存特征及其与围岩的关系、影响矿床形成的各类因素、矿床成矿作用机制及其时间、矿床空间分布规律，因此矿床学是一门综合性的地质学科，其涉及的理论知识丰富且复杂。加之矿床的形成不是一蹴而就的，它经历了漫长的时间，因此对现有矿床标本、地质资料的鉴定分析则显得尤为重要，它可以帮助我们充分地理解矿床形成过程并掌握其成矿规律，进而将其应用到矿产预测、找矿勘探、采矿冶炼等各个领域，为经济社会的可持续发展贡献力量。

据此，本科资源勘查工程专业及相关专业对于"矿床学"这一课程的学分及课时设置都是非常重视的，一般设置为 4 个学分、64 ～ 72 学时，虽然总课时根据高校及地方矿产资源实际情况略有差异，但是实验学时的比例均占到 1/4 以上，通过课堂与实验实践相结合的方式，学生能够更好地认识各类矿床的地质特征、形成条件和形成过程，从而查明矿床成因，矿床在时间、空间上的演化特征，认识矿床在地壳中的分布规律，进而开展矿产预测。

此外，随着科学技术不断发展，虚拟孪生技术的应用愈加广泛，矿山矿产资源领域也朝着数字化、智能化的方向发展。就以编者所在院校为例，"矿床学"课程引入了虚拟仿真技术，建成了矿床成因模拟实验室。这一虚拟仿真技术应用于此，可以让学生对矿床形成过程的理解不再仅仅借助图片及文字，而是通过数字化模拟，直观地感受矿床形成的整个过程，大大提高了学生的理解能力，因此，实验设计中也加入了虚拟仿真的实验。

1.1.1 矿床学实验的特点

矿床学实验是综合性较强的地质实验，它是以矿床为对象进行的，但是矿床的实际范围较大，无法以整个矿床作为实验介质进行观察，因此须将其进行分解，以组成矿床的重要元素——矿体、矿石、围岩等为对象，通过资源勘查工程实验室的仪器设备进行分析观察。其中对矿体的分析主要通过虚拟仿真实验室及地质图件进行，了解其就位空间及形成规律；矿石、围岩等地质标本则需要借助放大镜、显微镜等设备，并结合基础专业学科（矿物学、岩石学、矿相学等）知识进行分析。基于上述操作最终达到认识整个矿床的目的。

1.1.2 矿床学实验课程内容

矿床学的研究内容是多方面的，从区域到整体具体包括五个方面的内容。

第一，研究矿床所在区域的地质构造、地球化学和地球物理特征及其对矿床分布的控制作用，研究矿床形成和分布与壳－幔作用的关系。

第二，研究矿床形成的物理、化学、生物作用和演化过程。

第三，研究矿床与地层、构造、岩石及岩浆活动、沉积作用、变质作用、生物活动、气候、地貌等因素的关系。

第四，测定矿体的形状、产状、大小及其与围岩的关系。

第五，研究矿石的物质成分、结构构造、品位及其在矿体中的分布和变化。

基于以上研究内容，结合矿床成因特征，可以将矿床划分为四大类：岩浆类矿床、热液类矿床、沉积类矿床及变质类矿床。我们选取其中典型矿床作为实验研究对象，按照以上研究内容进行实验课程设计，一般包括两个大的方面，一方面为对矿床学基本概念及知识点的理解，另一方面为各类典型矿床的实验操作。具体内容有：实验一，有关矿床基本概念的理解；实验二，岩浆矿床；实验三，伟晶岩矿床；实验四，接触交代矿床；实验五，岩浆热液矿床；实验六，层控矿床；实验七，火山热液矿床；实验八，沉积矿床；实验九，变质矿床。

1.1.3　矿床学实验能力提升的方法

上文讲到"矿床学"是综合性非常强的一门学科，同样地，矿床学实验也是如此，它涵盖的知识面非常广，不仅包括矿床方面的知识，还包括矿物、岩石、古生物专业知识以及物理、化学等一系列基础知识，因此矿床学实验能力的提升是综合能力的提升。根据对往届学生的调研反馈，提升矿床学实验能力的途径主要包括三条。

首先，实验前预习。预习不仅包括对将要进行的实验要点有所了解，还包括对其中的关键知识点，如矿物、岩石等的鉴定，掌握其特点，如此才能在课堂上紧跟教师的节奏，不因基础知识掌握不熟练阻碍自己的学习。

其次，实验中总结。在实验过程中，一方面梳理自己遇到的问题，建立问题清单并当堂解决；另一方面总结本堂实验课程的知识点，建立知识体系。将以上二者相结合，本堂实验课程的效果会得到极大提升。

最后，举一反三。课堂时间是有限的，多数情况下教师会让学生选择某一特定矿床进行分析作答，但实验室提供的标本是多类型的，加之我国矿产资源丰富且分布广泛，不同学校由于地理位置不同，其购置或采集的标本具有一定的地域性，因此学生应做到互相交流，碰撞新的思想火花，把知识学活，这样才能真正提高实验技能，达到实验目的。

1.1.4　矿床学实验完成度评价体系

为切实开展矿床学实验，了解学生的学习进度，建立矿床学实验完成度评价体系是非常必要的，此项工作是与实验设计息息相关的，每项实验应体现循序渐进的思想，并突出重点，体现创新思维。一般可从基础知识、要点知识、难点分析、解决思路四个方面进行题型及评价体系设置，具体内容及评分依据见表 1.1。

表 1.1　矿床学实验工程教育认证评价体系

（资料来源：贵州理工学院《矿床学》工程教育认证）

一级要求	三级要求	知识点 /毕业要求	权重（∑=1）	要求程度	预期学习结果（ILO）
工程知识	进一步理解矿床学知识	矿床学基本概念	0.08	L2	ILO-1：正确掌握矿床的图表及文字判读；学会观察和描述矿石的方法；学会目估矿石品位的方法
		岩浆矿床	0.09	L3	ILO-2：理解岩浆矿床总的特点；掌握岩浆矿床形成的地质条件、岩浆成矿作用及早晚岩浆矿床特征；懂得总的岩浆成矿作用及岩浆矿床成因
		伟晶岩矿床	0.09	L3	ILO-3：理解伟晶岩矿床的特点；理解伟晶岩矿床的成矿作用及形成阶段；掌握伟晶岩矿床形成条件及符拉索夫分类
		接触交代矿床	0.09	L3	ILO-4：认识矽卡岩矿床基本概念；理解矽卡岩矿床地质特征，掌握矽卡岩矿床的形成过程；掌握矽卡岩矿床的形成条件，理解矽卡岩矿床特点及成因
		岩浆热液矿床	0.09	L3	ILO-5：理解热液矿床的特点相关知识；理解不同类型岩浆热液矿床的地质特征；掌握不同类型岩浆热液矿床的地质条件；掌握岩浆热液矿床形成原理
		层控矿床	0.09	L3	ILO-6：理解层控矿床的特点相关知识；掌握层控矿床的成矿作用与机理
		火山热液矿床	0.09	L3	ILO-7：理解火山热液矿床的特点相关知识；掌握斑岩铜矿、玢岩铁矿的地质特征及成因机制；理解海相火山（次火山）气液矿床成因机制

续　表

一级要求	三级要求	知识点/毕业要求	权重（∑=1）	要求程度	预期学习结果（ILO）
工程知识	进一步理解矿床学的知识	沉积矿床	0.09	L3	ILO-8：熟悉沉积矿床概论；掌握胶体化学沉积矿床地质特征；掌握胶体化学沉积矿床、生物化学沉积矿床成矿过程及成因机制
		变质矿床	0.09	L3	ILO-9：熟悉变质矿床一般特点，掌握变质相和变质矿床特征；理解变质成矿作用和变质矿床分类
个人和团队	初步具备矿床研究勘查项目管理、预算的能力	判断矿床类型	0.05	L4	ILO-10：理解矿床地质特征及成因类型基本特点；熟悉各种矿床的区分方法；懂得各种矿床类型的判断标志
		学习矿床研究基本方法	0.05	L5	ILO-11：了解各种类型矿床在露天矿及盲矿中的表现特征；基本理解在各种自然条件下研究矿床的方法和手段；懂得野外开展工作的步骤；懂得工作的分工合作；学习矿床研究经费预算内容
沟通交流	基本能够就与矿床学相关的当前热点问题与业界同行及社会公众进行有效的沟通和交流	相关矿床资料集成	0.03	L3	ILO-12：了解科技文献查阅方法；懂得相关资源库的使用方法；学习各种矿床资料的筛查方法
		成因研究报告编写	0.07	L6	ILO-13：大体知道矿床研究报告编写内容；了解国家的矿产资源方针政策；懂得矿床研究报告写作程序

本表注：以布卢姆学习目标分类法（Bloom's Taxonomy）为基础，描述学生在学完本课程后应具有的能力，要求程度栏内以 L1（认知）、L2（理解）、L3（应用）、L4（分析）、L5（综合）、L6（判断）来表示对此级能力要求达到的程度，无要求则留空

1.2 实验前须掌握的知识

"矿床学"是资源勘查工程专业的核心课程，鉴于其综合性较强的特质，一般设置在大三学年下学期或者大四学年上学期，在这之前一般须开设"结晶学与矿物学""岩石学""古生物地层学""构造地质学"等一系列必修课程及相关课程，这些均是"矿床学"课程开设及学习的基础。由此，进行矿床学实验之前须掌握的知识主要包括三个方面：实验涉及的"矿床学"理论知识，有关矿物、岩石、古生物、构造等的知识，可以熟练对各类地质标本进行鉴定操作的知识。

1.2.1 "矿床学"课程理论知识

"矿床学"课程的内容设置主要分为四个部分：一是有关矿产资源的大类划分以及矿床学学科基本内涵和发展史，通过对此部分内容的学习，学生要掌握矿产资源，尤其是我国各类矿产资源的基本情况，同时需要充分理解本学科的目标及研究内容，为自己建立合理的学习体系；二是"矿床"及相关概念（矿体、围岩、矿石、脉石、成矿期、成矿阶段、矿床分类、成矿作用等）的基本内涵，此部分是学生进行后续学习的重要基础，需要学生完全掌握；三是各典型矿床（岩浆矿床、伟晶岩矿床、接触交代矿床、热液矿床、火山成因矿床、风化矿床、沉积矿床、生物化学能源矿床、变质矿床等）的成矿地质条件、物理化学条件、形成过程及成矿作用，此部分内容是"矿床学"课程的重要组成部分，占据2/3篇幅，需要学生充分掌握各矿床特征，理解成矿过程，辨别矿床类型；四是区域成矿及矿床综合评价，此部分内容较少，但对学生建立区域成矿体系、预测指导找矿均具有非常重要的意义。

1.2.2 相关课程理论知识

根据"矿床学"课程内容，其涉及的主要研究对象除与矿床有关的矿体、矿石、围岩等外，还有矿物、岩石、古生物、构造等，因此，"结晶学与矿物学""岩石学""古生物地层学""构造地质学"等专业基础课程中的重点知识学生也应该充分掌握。

"结晶学与矿物学"分为晶体和矿物两大部分。晶体部分主要包括晶体结构、生长特征、化学性质等，学习这部分内容可以让学生认识矿物内部结构，为镜下鉴定矿物类型打下坚实基础；矿物部分主要包括各类矿物的形态、物理性质、化学成分等，学习这部分内容可以让学生掌握主要矿物的各维度特征，帮助学生进行矿物的手标本鉴定。

"岩石学"是研究岩石（岩浆岩、沉积岩、变质岩）的成分、结构构造、产状、分布、成因、演化历史和它与成矿作用的关系等的学科，需要学生充分掌握各类岩石的基本特征、组成矿物类型、空间分布特征等，具备手标本鉴定及镜下鉴定标本的基本能力。

"古生物地层学"是研究地质时期的生物界及其发展的学科，主要研究各个地质历史时期地层中保存的生物遗体和遗迹，以及一切与生命活动有关的地质记录。这部分知识可以帮助学生充分理解不同地质历史时期的地层特征，并将其应用到矿床地层的识别划分中。

"构造地质学"是研究不同尺度构造特征的学科，不同深度层次的因素会导致构造位置和形迹的差异，由此通过所观察到的构造就可以判断其内外动力因素。此部分内容可以帮助学生读懂地质图件，分析矿床区域或更大尺度背景下的构造特征，为分析矿床成因及形成机制提供有力证据。

1.2.3 各类标本（矿物、岩石、构造、古生物）的实验鉴定

资源勘查工程专业在矿床学实验之前一般设置的实验课程有晶体光学与光性矿物学实验、结晶学与矿物学实验、岩石学实验、构造地质学实验、古生物地层学实验、矿相学实验等，具体包含以下内容。

晶体光学与光性矿物学实验、结晶学与矿物学实验的主要内容是对晶体内部结构的掌握及矿物的鉴定，需要用到的器材包括晶体单形模型、晶体聚形模型、47种布拉维格子模型、矿物硬度标本、矿物形态标本、矿物标本、地质放大镜、瓷板、偏光显微镜等。借助这些模型及对照标本，学生可掌握典型矿物（自然元素、硫化物和硫盐、氧化物和氢氧化物、卤化物、碳酸盐、硝酸盐、硼酸盐、硫酸盐、铬酸盐、硒酸盐、磷酸盐、砷酸盐、钒酸盐、各类结构硅酸盐、有机化合物）的内部结构、形态、颜色、光泽、硬度、解理、断口等基础特征。

岩石学实验以岩石为研究对象，本科阶段用到的器材主要包括地质放大镜、偏光显微镜、各类岩石标本及对应薄片标本。学生通过对手标本和薄片的综合鉴定，对岩浆岩、沉积岩、变质岩等中的各亚类岩石及其中的矿物成分、矿物之间的交切关系（穿插、反应、溶蚀、生长等）、结构构造特征等得以系统性掌握。

构造地质学实验主要是判别各类构造的特征及形成机制。用到的器材包括基本绘图工具、构造模型、显微构造标本等，借助它们可以让学生对主要构造类型（褶皱、断层、节理）的成因机制、相互关系等有所掌握。

古生物地层学实验分为各时期典型古生物的识别鉴定以及地层沉积序列建立两个大的部分，其中地层部分是进行矿床学实验之前需要掌握的，用的仪器设备为制图软件CAD，借助软件并结合岩石学、古生物、构造等的知识，可以将地层沉积过程中的对象（岩石、古生物、构造）以及它们的接触关系均表现出来，建立地层沉积序列。

1.3 实验过程中须掌握的知识

本书从矿床学实验的实验操作过程入手，以实验操作的一般顺序为依据，学生须掌握如下五个方面的知识。

1.3.1 分析矿床地质图件

分析矿床地质图件的关键就是读懂其中包含的信息及推测隐藏信息，具体步骤有三步。

第一步，读懂图件现有信息，包括图幅内分布的地层，构造、岩浆活动和岩体分布位置及特征，矿床、矿化点分布特征，矿化异常区分布特征，探矿工程分布信息。

第二步，掌握已有文字信息，包括研究矿床的区域地质信息，矿产的种类、成因类型，矿产的规模。

第三步，总结及推测潜在信息，内容包括：矿床地质特征；矿体与岩浆岩体之间的关系；如有岩浆岩体，岩体的时代、成分、大小情况；矿床与各级构造的关系；物化探等异常分布特征；主要找矿标志；找矿前景预测或圈出找矿远景区。

遵循以上步骤，学生就可以全方位掌握所研究矿床的情况。

1.3.2 辨别矿石、脉石

矿石是矿床标本的具体研究对象，因此在矿床学实验中，学生的首要任务就是明白什么是矿石，以及与它相对应的，什么是脉石。

矿石是矿体的组成部分，是从矿体中开采出来的、能从中提炼出有用组分（元素、化合物或矿物）的矿物集合体。矿石由矿石矿物和脉石矿物两部分组成，其中矿石矿物是指矿石中可被利用的矿物，也称有用矿物，金属矿物和非金属矿物都可以是矿石矿物；而脉石矿物则是指矿石中不能被利用的矿物，也称无用矿物，多指非金属矿物，但是由于量少而不能被利用的金属矿物也包含在内。需要注意的是，矿石和脉石是相对的概念，是针对具体矿床而言的。随着人类对矿物性能认识的不断加深以及技术水平的不断提升，某些脉石矿物也可能成为矿石矿物，因此，需要辩证地去理解矿石矿物和脉石矿物的概念。

与矿石相对的脉石则是指矿体中不可利用的矿物和岩石，里面包含了脉石矿物，也包含围岩的碎块、夹石（矿体内部不符合工业要求的岩石），它们在矿床开采或选矿过程中被丢掉。

1.3.3　鉴定矿床标本

矿床标本的具体研究对象是矿石，以及除矿石外的其他岩石（多指围岩），而矿石也是一种岩石，因此鉴定矿床标本归根结底是对矿区所采岩石的鉴定，包括两方面：判别是否是矿石，以及岩石的一般鉴定。首先，判断其是否是矿石。应首先确认所研究矿床是何种矿床，例如，所研究矿床为金矿床，应该观察标本中是否含有自然金或者含金矿物，如果有且含量占比高，那就是矿石，反之为围岩。其次，对岩石（矿石、围岩）进行鉴定，鉴定的主要内容包括颜色、结构构造、主要组成矿物类型、交切关系和含量估计以及最后的命名。其中，对于矿石结构构造的判别是极其重要的，可以反映矿石的形成过程。矿石常见结构有自形粒状结构、半自形粒状结构、他形粒状结构、海绵陨铁结构、斑状结构、包含状结构、文象结构、骸晶结构、假象结构、残余结构、交叉（交错）结构、网状结构、反应边结构、乳滴状结构、叶片状结构、格状结构、结状结构、放射状变晶结构、草莓结构、碎屑结构、花岗变晶结构、斑状变晶结构、揉皱结构等；构造有块状构造、浸染状构造、斑点状构造、斑杂状构造、豆状构造、条带状构造、脉状构造、网脉状构造、晶洞状构造、多孔状和蜂窝状构造、皮壳状构造、土状或粉末状构造、胶状构造、鲕状构造、肾状构造、结核状构造、纹层状构造、片状和片麻状构造、皱纹状构造、叠层状构造、气孔状构造等。

1.3.4 理解矿床形成过程

某一已知矿床是当下人们看到的较"静止"状态，但实际上它经历了漫长的地质时期，"它究竟是如何形成的？"一直是矿床研究的根本问题，厘清这个问题才能更好地找矿、开矿以及预测矿产资源。理解成矿过程的前提是掌握成矿流体（物质）来源、成矿地质作用以及物质就位机制。其中成矿流体的来源主要包括大气降水、海水、建造水、岩浆热水和变质热水五种；成矿地质作用则多依据能量来源以及成矿作用期次等特征，分为以地球内部能量影响成矿的内生成矿作用、以太阳能为能量来源的外生成矿作用，以及以这两种为基础但主要受到构造或热事件强烈改造的多次成矿事件共同作用的叠加成矿作用；物质就位机制则包含影响成矿元素沉淀的因素，如温压下降、pH 变化、氧化还原反应等，还包括是否存在合适的位置进行矿体的就位，如褶皱滑脱区、不整合接触带等。由此，学生依据以上三个方面就可建立思维框架，达到理解矿床形成过程的目的。

1.3.5 进行实验规范化操作

资源勘查工程专业实验由于对象（各类标本）的独特性，相较于其他化学类、生物类实验危险系数小，但是每块标本都取自大自然，都是独一无二的，如果在实验操作过程中不规范，很可能使标本（手标本、薄片、光片等）、图件等遭到破坏，导致实验效果大打折扣。结合本专业实验及实验对象特征，矿床学实验的规范化操作应遵循如下步骤。

（1）做好实验前的准备工作，制定实验方案，对在实验过程中可能用到的仪器设备准备齐全。

（2）图件的使用规范。矿床学实验均须用到相关地质图件，对于图件，一方面实验室管理人员应进行电子化保存；另一方面，学生在使用过程中应注意保护，不随意丢弃损坏。

（3）手标本的使用规范。手标本应做到轻拿轻放，防止掉落造成损坏。另外，在鉴定过程中须使用小刀、瓷板等工具，这些工具在使用过程中应在保障实验效果前提下尽可能做到对标本的伤害程度最小，以便保证标本使用的长期性。

（4）薄片、光片的使用规范。此类标本均是在偏光显微镜中配套使用的，学生在使用过程中应控制载物台上升的速度，以免刮花镜头或损害薄片等，导致薄片等标本损坏破裂，影响实验效果及进度。

（5）偏光显微镜的使用规范。偏光显微镜属较精密光学仪器范畴，学生在使用过程中需注意三个方面：首先，要掌握偏光显微镜的组成结构（目镜、物镜、载物台等），在进行相应操作时切忌动作幅度过大，以免镜体松散，造成误差；其次，升降载物台应注意速度，以免上部刮花物镜或下部影响光源；最后，光源的调节不宜过快，无论是暗或是亮均须根据实际情况缓缓调节，且在关闭电源之前一定要确保光源调至最小挡，以免开机损坏光源。

1.4 实验后须掌握的技能

1.4.1 如何处理实验所获得的矿床数据及资料

矿床学实验获得的资料是非常丰富的，因此需要分级划分在实验过程中获得的资料，如何分级则需要根据实验报告要求、课堂教师提出的基本点和重难点等进行划分。

第一，实验报告提出的知识点。这一部分是必须要掌握的知识点，一般包括矿床的地质条件、成矿作用以及成矿过程分析。

第二，课堂教师提出的基本点、重点。这一部分也是学生必须掌握的知识点，由于知识量较大，一般不体现在实验报告中，但是需要学生总结掌握，一般包括区域地质条件等。

第三，实验及课堂过程中的难点。这一部分需要学生根据上述知识进行推测，一般包括成矿远景区的预测。

1.4.2　如何撰写矿床学实验研究报告书

如前所述，矿床学实验综合性强，且具有一定独特性，工科院校传统实验教学多属于验证性的（通过既定的材料和步骤得到结果），而矿床学实验除验证外，更为重要的是通过观察去进行推测分析，最终达到认识矿床的目的，因此得到的实验成果不是一个按照既定步骤提交的"实验报告"，而应该是通过分析加入学生理解的"实验研究报告书"。

现阶段矿床学实验研究报告书的内容要求是由任课教师制定的，不同高校根据地区矿产资源的不同会有所差异，但学生应当明确矿床学实验研究报告书编写的基本思路及要求。

第一，分析已有资料。已有资料包含课堂及书本理论知识、参考矿床实例资料。这就要求学生在进行实验前，首先应按照实验内容进行对应章节的理论知识复习，掌握基本知识点，划分重难点，提出疑问点；其次，基于以上"三点"分析已有矿床实例资料；最后，将总结出的一套分析矿床的方法应用到实验课堂中。

第二，分析实验资料。实验资料包含实验课堂上使用的各类图件、各类矿床标本。基本步骤为读图、判别矿床类型、分析标本类型及结构构造特征、推测成矿过程及成因机制等。

第三，实验延伸思考。每一个矿床都是独一无二的，无法用某一固定模式对其进行定义。尽管我们致力于总结矿床的成矿机制及对应模型，但总结出的只是一个较大尺度的模式，有很多关键阶段还存在着争议，所以矿床学实验研究报告书的目的并不止步于将书上所述再复写一遍，而是希望学生在编写过程中能够结合资料及实际观察提出自己的想法。

第四，实验基本要求。一方面要求学生按照分析矿床的基本流程进行实验操作，书写的报告书应思路清晰，具有一定逻辑性；另一方面，书写的内容应注意图文并茂，且文字和图件应一一对应，所有图表的图名、表名、比例尺等基本要素标注完整。

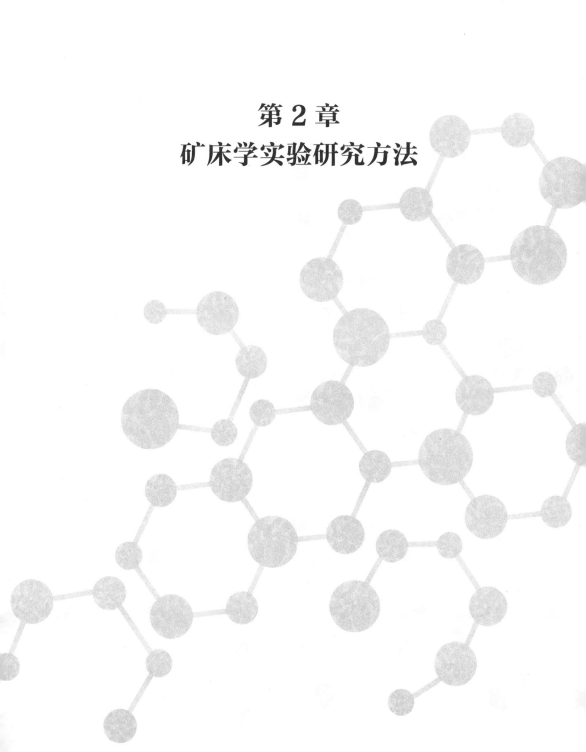

第 2 章
矿床学实验研究方法

2.1 矿物共生关系研究

由于矿种、形成环境等的差异，矿床的矿物组成及其关系是存在一定差异的，且对于特定的矿种或沉积环境，其矿物共生关系是具有特征的，这种标型特征是由体系的成分及物理、化学条件两方面决定的，是反映矿物形成条件的重要标志。那么对于矿床而言，每种矿床的形成是具有成矿物质来源的，且是在一定的物化条件下形成的，因此矿床形成的过程也包含了一系列具有标志性的矿物共生组合及其生成顺序。通过分析矿物共生关系就可以推测矿床某一阶段形成的元素聚集特征以及物化条件，反过来也可以通过已知矿床的资料去核实矿物共生性质是否明确。

矿物共生关系是指矿石中各种矿物生成的先后次序和空间的组合关系。它是在一定的地质环境中，受特定的物理、化学因素控制，经由一定的成矿作用形成的。按现代含义，矿物共生关系包括矿物共生组合、矿物生成顺序及矿化期、矿化阶段等内容。

2.1.1 重要概念的理解

1. 矿物共生组合

矿物共生组合是指同一成因、同一矿化期（或矿化阶段）生成的，在空间上共同存在的不同矿物。与之相对应的就是矿物伴生组合，它则是指不同成因或不同矿化期（或矿化阶段）生成的矿物组合。

需要注意的是，由于在同一空间内，可能先后有几个成矿作用重叠发生，因此一块矿石上常表现出不同成因、先后生成的多种矿物共生、伴生组合共同叠加。

2. 矿物生成顺序

矿物生成顺序是指同一矿化阶段内形成的一组矿物中，各种矿物析出的时间先后顺序。它是由矿物形成时的物理、化学环境决定的，因此，通过对矿物生成顺序的研究可以还原矿物形成时的温度、压力、含矿介质的变化、氧化还原情况、主要造矿矿物的富集规律和生成方式等。

需要注意，每个矿化期或矿化阶段内，均可排出矿物生成顺序，据此就可判断出矿物析出的一般演变情况，判断各个矿化期及各个矿化阶段的交替，以及同一种矿物因矿化阶段不同而出现的不同特点。

3. 矿化期

矿化期是指一个较长的成矿、成岩作用中矿物的堆积过程，又称成矿期。不同的矿化期反映了成矿地质条件和物理、化学条件等有显著的差别，同时各矿化期之间具有较长的时间间隔。根据成矿作用的特点，一般将矿化期分为岩浆矿化期、伟晶岩矿化期、气化－热液矿化期、风化矿化期、沉积矿化期、变质矿化期和表生矿化期等。据此，就可将矿床基础地质、成矿地质条件和矿体的产出特点，以及矿石中典型的矿物组合和矿石结构、构造的特点这两个主要方面作为划分矿化期的主要标志。

在判别某一矿石的矿化期时应该注意，一般情况下一个矿床中的某类矿石均属于一个矿化期，由它可以确定矿床的成因，但也有特殊情况，即个别矿石由两个或多个矿化期叠加构成。

4. 矿化阶段

矿化阶段指一个矿化期内一段较短成矿作用中的矿物堆积过程，又称成矿阶段。同一矿化阶段所形成的矿物属于一个共生组合，是一次成矿过程的产物。不同矿化阶段反映的成矿地质条件和物理、化学环境有一定的差异。同一矿化期可以包含一个或多个矿化阶段。划分矿化阶段的主要标志包括：先前的矿物沉淀被后继阶段的矿物脉和细脉切穿；先前阶段的矿物集合体角砾化，其碎块被新矿化阶段的矿物质胶结；先前阶段形成的矿物共生组合被晚阶段的矿物共生组合穿插、交代和胶结。

应特别对矿区中的矿石、围岩等的结构构造特征以及交切关系进行观察，以便可以划分出正确的成矿阶段。

5. 矿物世代

矿物世代指同一矿化阶段中同种矿物形成的先后顺序。同种矿物可以有两个或多个世代，每析出一次即为该矿物的一个世代。

矿物世代的产生，是由于成矿时某种矿物形成的物理、化学环境，含矿介质的组分浓度、逸度以及矿物形成方式等有所不同，或由于化学反应多次重复出现，同种矿物在结晶程度、粒度、颜色、透明度、矿物内部结构和晶形以及微量化学成分等方面出现不同的特点。

在判断矿物世代的过程中应该注意，各个世代的矿物在成分上可以完全不同，也可以完全一样或部分重复。

2.1.2　矿物共生分析的基本程序

虽然不同的矿物类型或矿床，其矿物共生组合是有较大差异的，但在矿物共生组合分析中也可参照一定的步骤，具体如下：

（1）根据给出的研究区有关资料或实际的野外工作初步确定矿物共生关系；

（2）确定研究样品；

（3）通过对手标本及薄片镜下的观察进一步确定矿物生成顺序、交切关系等；

（4）进行样品的化学成分分析，确定化学组成；

（5）编制矿物共生图解，确定矿物共生组合。

以上步骤有利于学生进行矿物共生组合分析，但在本科阶段由于仪器设备等条件的限制，学生无法实际参与到成分分析测试中，但矿床资料中会提供这部分内容，学生可通过资料进行最后矿物共生图解的编制。

矿物共生图解是一种组分表示法，用以说明特定物理、化学条件下，矿物共生组合与原岩化学成分的关系。具体做法：一般选择三个惰性组分做端元成分，以三角形化学成分图表示矿物共生关系。在这种图解中，共生的矿物用直线将其连接，称直线为共生线，共生线上两矿物共生，否则不共生。三相共生，则其共生线构成一个三角形，三角形内任意一点均代表三个角顶的三个相共生。几种常用的共生图解如表 2.1 所示。

表 2.1　几种常用的共生图解

图解名称	图解中所用符号说明
ACF 图	A=Al$_2$O$_3$（+Fe$_2$O$_3$），C=CaO，F=FeO+MgO（+MnO）
$A'KF$ 图	A'=Al$_2$O$_3$+Fe$_2$O$_3$–Na$_2$O–K$_2$O–CaO，K=K$_2$O，F=FeO+MgO（+MnO）
CFM 图	C=CaO，F=FeO，M=MgO
AFM 图	A=Al$_2$O$_3$–3K$_2$O，F=FeO，M=MgO

2.2　矿石手标本及镜下特征研究

对矿石手标本及镜下特征的研究，实际上就是对组成矿石的矿物类型、矿物之间的相互关系以及矿物集合体的空间关系等的研究，总结起来就是确定矿石中的矿物组成以及矿石的结构构造特征。

2.2.1　矿物的类型

在本书第一章中对组成矿石的矿石矿物、脉石矿物已做讲解描述，学生在观察时应根据掌握的矿物学鉴定特征，对组成矿石的矿物进行手标本及镜下的进一步确定。

2.2.2　矿石的结构构造

研究之前必须认真观察或研究矿床、矿体的地质特征。应注意矿体的形态与产状，矿体与围岩的关系，矿体周围的角砾化、片理化、蚀变特征等。例如：对于沉积矿床，应观察矿层由顶板至底板以及沿矿层走向矿石成分和结构构造的变化；对于脉状矿床，则应注意脉体的交切关系、脉体内矿石的结构构造特征。在充分研究以上资料的基础上再进行矿石结构构造的观察。手标本阶段，主要是借助放大镜等设备进行矿石构造的观察，而针对一些显微构造以及矿石的结构则需要借助显微镜对矿石的光片、薄片进行观察。

1. 矿石的结构

矿石的结构指矿石中矿物颗粒的特点，即矿物颗粒的形态、相对大小及空间相互关系等所显示的形态特征。据此可知在研究判断矿石结构过程中是以成因为基础的，主要通过分析组成矿石的矿物颗粒形态及相互关系进行确定。表 2.2 为常见金属矿石结构的基本特征描述，可对照参考。

表 2.2　常见金属矿石结构的基本特征描述

序号	结构名称	特征描述
1	自形 / 半自形 / 他形粒状结构	由一种或多种矿物组成的矿石，多数矿物颗粒（ ≥ 80%/ ≥ 50%/ ≥ 50%）呈自形晶 / 半自形晶 / 他形晶
2	海绵陨铁结构	他形金属矿物（集合体）产在自形 / 半自形硅酸盐矿物晶隙之间
3	文象结构	某种矿物呈蠕虫状，似象形文字，分布在另一种矿物中
4	残余结构	某种矿物被部分交代后，其残余体分布在交代矿物中
5	骸晶结构	某种矿物晶体外形完整，但内部常被另一种矿物占据

序号	结构名称	特征描述
6	镶边结构	某种矿物颗粒的外缘有另一种矿物呈镶边状包围产出
7	叶片状/格状结构	某种矿物呈纺锤状、叶片状，沿另一种矿物的几组解理或裂隙分布，当叶片相交时可构成三角形、矩形、菱形等各种格子
8	假象结构	某种先成矿物或生物有机体结构被后期矿物全部交代，但仍保留先成矿物的晶形或生物有机体的形态
9	交错/网状结构	在某种被交代矿物颗粒的解理或裂隙中，有另一种矿物呈交叉/网状的细脉分布
10	乳滴状结构	某种矿物呈细小乳滴状，无规律地分散在另一种矿物颗粒中
11	自形/半自形/不等粒/斑状变晶结构	变质岩中根据矿物颗粒的自形程度或形态特征等进行观察的结构
12	碎屑结构	某些矿物颗粒呈浑圆状或不规则的碎片与碎屑，被另一些矿物胶结
13	草莓结构	某些金属矿物继承了藻类微生物的遗体轮廓，表现为圆形或椭圆形
14	揉皱结构	某些塑性矿物的晶形、解理或双晶纹等呈弯曲的塑性变形

2. 矿石的构造

矿石的构造指矿物集合体的形态及空间关系，归纳起来有延长型的，如条带状、层状、片状、各种脉状等；有浑圆型的，如豆状、鲕状等；有不规则型的，如块状、浸染状、角砾状等。表 2.3 为常见金属矿石构造的基本特征描述，可对照参考。

表 2.3　常见金属矿石构造

序号	结构名称	特征描述
1	条带状构造	矿物集合体呈单一方向延长的条状或带状，且条带彼此间平行或近于平行

续　表

序号	结构名称	特征描述
2	纹层状构造	矿石的矿物集合体呈两向延长的微层或微细条带展布
3	片状构造	由柱状或片状矿物呈定向排列与平行分布且显片理面的构造
4	脉状构造	由一种或多种矿石矿物组成的集合体呈单一方向延长的脉状
5	豆状/鲕状构造	矿石矿物集合体为浑圆状，形似豆粒（0.5～1cm）/鲕粒（小于2mm）
6	块状构造	矿石矿物含量大于等于80%，且颗粒粒径相近，矿物集合体为不规则的或不定形状，分布无方向性，致密均匀且无空洞
7	浸染状构造	矿石矿物集合体的形状不定，一般小于0.5cm，多呈星散状较均匀地分布在矿石中
8	角砾状构造	一组矿物集合体呈破碎角砾状，被另一组矿物集合体胶结

2.3　矿床形成机制研究

掌握矿床形成机制是矿床学研究的根本任务，通过将物质来源、运移方式、沉淀机制等综合起来，建立起矿床成因模式，进而为指导找矿、建立矿产勘查模型提供可靠依据。因此，依据矿床形成的过程可将研究方法分为以下三类。

2.3.1　野外调研分析

现场研究工作是一切矿床研究工作的基础，主要是对区域地质背景及主要控矿条件等进行研究。具体包括以下四点。

（1）查明矿床范围内的地质情况（地层、构造、岩浆岩分布情况等）。

（2）利用地球物理勘探技术查明矿体的三维空间特征（位置、形态、大小、产状等）。

（3）对围岩及矿体进行系统的取样。

（4）利用地球化学勘探技术研究元素的分布及运动规律。

2.3.2　室内观察测试

对野外采集的样品进行室内研究分析，主要是对矿质，矿液来源，迁移、聚集、沉淀方式，形成的物化条件等进行分析。具体包括以下五点。

（1）应用显微镜鉴定矿物的种类、结构构造、生成顺序以及形成方式。

（2）应用分析测试仪器（原子吸收光谱、X射线荧光、中子活化、电子探针、离子探针等）确定有关岩石或矿物的（微区）化学成分。

（3）应用分析测试仪器（X射线衍射、电子显微镜、红外光谱、顺磁共振、穆斯堡尔谱等）确定矿物的结构、原子价态。

（4）利用包裹体分析方法（冷热台等）确定流体的温压条件及成分。

（5）利用同位素分析方法（电感耦合等离子体质谱仪等）确定成矿物质来源及形成时代。

2.3.3　成岩成矿模拟

通过模拟自然界的类似条件，进行成矿过程的实验研究。此过程需要在高温高压实验室完成，对实验设备及技术要求高。因此，针对本科教学，可以结合虚拟仿真技术，将抽象的成矿过程具象化，让学生更直观地掌握矿床的形成过程，达到理解矿床成因的目的。这一方法会在第5章详细描述。

第 3 章
矿床学实验常用仪器及分析方法

3.1　手标本鉴定：放大镜、瓷板、磁铁

在进行手标本鉴定时，常用到的仪器主要有放大镜、瓷板、磁铁三种，可进行显晶矿物或较大颗粒矿物的识别、矿物某些物理性质（条痕、磁性等）的识别。

所用的放大镜为 $10\times$、$20\times$ 的双镜片地质放大镜（图 3.1），学生可以根据自己的使用需求、观察标本的大小进行选择，但需要注意的是使用过程中须遵守使用规范，根据放大镜原理，设置合适的距离进行观察。例如，一个标准的 $10\times$ 放大镜的标准焦距为 25mm，达到的最大视野是 23mm 左右。

图 3.1　双镜片地质放大镜

瓷板为白色，便于进行矿物的条痕刻画。在刻画过程中应选择岩石或矿石中颗粒较大的矿物，避免颜色混淆。

磁铁（马蹄铁）则较多应用于判断岩石或矿石的磁性，以及对标本的基本物理特征进行判断。

3.2　显微镜下鉴定：偏光显微镜

偏光显微镜（图 3.2）是本科教学阶段最常使用的仪器设备，资源勘查工程专业及相关专业学生必须掌握其操作流程及维护保养的方法。

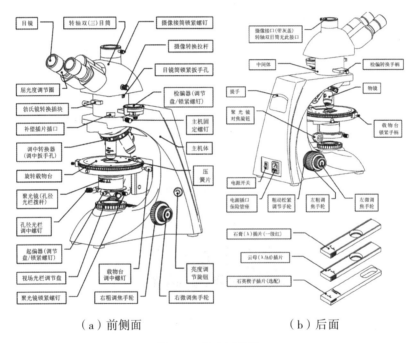

（a）前侧面　　　　　　　　　　　（b）后面

图 3.2　偏光显微镜

3.2.1　偏光显微镜的标准操作流程

1. 灯光照明

（1）接通电源，打开电源开关。

（2）调节亮度旋钮，直到获得所需亮度。一般情况下，不要将照明调至最强状态，否则，灯泡满负荷下工作寿命将大大缩短。

2. 调焦

（1）观察试样时，一般先用低倍物镜观察，先调节粗动手轮使载物台上升，让试样接近物镜；然后边观察边使试样下降，直至观察到图像；最后用微调手轮精细调焦至物像清晰为止。

（2）转换至其他倍率物镜，基本可达到齐焦。

3. 调整载物台和物镜中心重合

对试样调焦使其清晰，在视域内打一明显目标点，使之位于目镜子线焦点上，旋转载物台，若物镜光轴与载物台旋转中心有偏移，目标点将绕某一中心 S（即物台旋转中心）旋转，其轨迹为一圆，此时将目标点转至 01 点，调节物镜中心，使 01 点移至 S 点并重合，再转动工作台，观察两点是否重合，如仍有偏移，重复调整。

4. 孔径光阑中心调节

取下目镜，观察物镜后焦面亮圆，缓缓开缩孔径光阑，观察光阑与亮圆的同心度，如有偏移，可调节聚光镜中心调节螺钉从而使两者重合。

5. 正交偏光观察

（1）调好像后，由于起偏镜一直处于光路中，此时为单偏光状态，再推入检偏镜，使其刻度处于"0"位，起偏镜刻度也必须对准"0"位，此时，两偏振镜处于正交，即检偏镜偏振方向为南北向，起偏镜为东西向。

（2）使用 $10\times$ 及 $10\times$ 以下物镜时，应将拉索镜打下，并适当降下聚光镜。

（3）使用 $25\times$ 以上物镜时，应推上拉索镜，聚光镜应上升至最高。

（4）根据需要可推入石膏试板或 $1/4\lambda$ 云母试板或石英楔子插入补偿器插口，并进行光性测定。

6. 锥光观察

锥光观察一般使用 $25\times$ 以上的高倍物镜，在正交偏光状态下，推入勃氏镜并推上拉索镜，调整勃氏镜中心，观察它们的锥光特性。

3.2.2　偏光显微镜的维护与保养

（1）镜头镜面用脏后，可用脱脂棉蘸取乙醚和酒精的混合液（混合比例7∶3）轻轻擦拭，灰尘可用吹风球吹去。

（2）机械运动部位可加少量钟表油润滑。

（3）使用后各通光口可加盖、罩或挡灰板防止落尘。

（4）定期检查和修理。

（5）不要随意拆卸仪器的任何部件。

（6）避免接触高温。

（7）仪器放置在阴凉干燥处，选择无尘、无震动和无酸碱、蒸汽的地方。

3.3　图件分析绘制：CAD 作图软件

CAD（Computer Aided Design）作图软件，中文名为计算机辅助设计。由于 CAD 操作界面简洁（图 3.3），且相当一部分地质图件是用其进行绘制的，因此合理使用 CAD 软件，学会读图、绘图，对分析矿山地质要素有非常重要的作用。

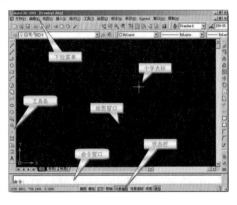

图 3.3　CAD 操作界面

CAD 软件的常规操作如下。

（1）平面绘图：能以多种方式创建直线、圆、椭圆、多边形、样条曲线等基本图形对象。

（2）绘图辅助工具：提供了正交、对象捕捉、极轴追踪、捕捉追踪等。正交功能使用户可以很方便地绘制水平、竖直直线，对象捕捉可帮助拾取几何对象上的特殊点，而追踪功能使画斜线及沿不同方向定位点变得更加容易。

（3）编辑图形：可以移动、复制、旋转、阵列、拉伸、延长、修剪、缩放对象等。

（4）标注尺寸：可以创建多种类型尺寸的标注，标注外观可以自行设定。

（5）书写文字：能轻易在图形的任何位置、沿任何方向书写文字，可设定文字字体、倾斜角度及宽度缩放比例等属性。

（6）图层管理功能：图形对象都位于某一图层上，可设定图层颜色、线型、线宽等特性。

（7）三维绘图：可创建 3D 实体及表面模型，能对实体本身进行编辑。

第 4 章
矿床学实验项目

4.1　有关矿床基本概念的理解

4.1.1　目的要求

与矿床相关的基本概念是矿床学的基本知识，只有理解并掌握这些基本概念，才能为以后进一步学习矿床学知识打下坚实的基础。

本实验的目的要求：

（1）掌握矿床的相关概念，学会判断矿床图件的基本方法；

（2）掌握观察和描述矿石的方法；

（3）掌握目估矿石品位的方法。

4.1.2　实验资料

1. 矿石标本

铁矿石、铜矿石、铅锌矿石、钨矿石、汞矿石、锑矿石、萤石矿石、重晶石矿石。

2. 文字资料

（1）常见矿石构造

块状构造：有用矿物占 80% 以上，矿物集合体为不定形状，分布无方向性且结合紧密，无空洞。

浸染状构造：在脉石矿物基质中有 30% 以下矿石矿物集合体，粒径一般小于 0.5cm，它们呈星点状，较均匀地散布于矿石中，当矿石矿物含量大于 30% 时称稠密浸染状构造。

斑点状构造：矿石矿物集合体呈近等轴状斑点，斑点大小较均匀，粒径多数可达 0.5cm，分布较均匀且无方向性。当斑点形状不规则、大小不一且分布不均匀时，称斑杂状构造。

条带状构造：不同成分，或成分相同颜色不同，或结构不同的矿物集合体在一个方向彼此相间分布构成条带。

角砾状构造：一种或多种矿物集合体构成角砾，被一种或多种矿物集合体胶结。

晶洞状构造：在矿石或围岩的晶洞内，生长着具有一定晶形的矿物集合体（矿物一般垂直裂隙或空洞壁生长），保留有部分空洞，称晶洞状构造。洞内的矿物晶体群称为晶簇。

（2）矿石类型

按矿石中有用矿物的工业性能矿石可分为金属矿石（如铁矿石、铜矿石、钼矿石等）和非金属矿石（如萤石矿石、重晶石矿石等）。

按矿石中有用成分的多少矿石可分为贫矿石（如条带状贫磁铁矿矿石，含铁 30% 左右）和富矿石（致密块状磁铁矿矿石，含铁 60% 左右）。

按矿石的结构构造矿石可分为致密块状矿石、浸染状矿石、条带状矿石、角砾状矿石等。

按矿石受风化程度矿石可分为原生矿石、氧化矿石和混合矿石。

4.1.3 实验前准备

复习《矿床学》第二章的第四、五、六小节。复习以下矿物的鉴定特征和化学成分组成：磁铁矿、黄铜矿、辉锑矿、黑钨矿、方铅矿、闪锌矿、萤石、辰砂、重晶石、石英、方解石。

4.1.4 实验过程

（1）观察矿石，先认识矿物，然后区分哪些是矿石矿物，哪些是脉石矿物。要注意观察矿物的形态、空间分布及矿物的共生关系。

（2）绘制矿石（平面）素描图，一定要有图名、图例、比例尺。

（3）确定矿石目估品位时，先目估矿石矿物的百分含量，再查出矿石矿物的化学组成中有用元素的百分含量，然后按以下公式进行计算：目估品位 = 有用矿物百分含量 × 矿石矿物中有用组分的百分含量。

4.1.5 实验研究报告书

描述一块矿石标本并附矿石素描图、矿石标本照片。

4.1.6 思考题

1. 矿石和岩石有何不同？

2. "矿石矿物就是金属矿物，脉石矿物就是非金属矿物"，这种认识是否正确？为什么？

3. 岩石的块状构造和矿石的块状构造有什么不同？

4. 矿石、矿体、围岩、母岩、夹石的相互关系如何？试用图表示。

5. 研究矿床有何意义？

4.2 岩浆矿床

4.2.1 目的要求

（1）理解岩浆岩的成矿专属性。岩浆矿床与其母岩体有密切关系，二者形成时代一致、空间分布一致、物质成分一致。此外，一定成分的岩浆岩往往与一定种类的矿产有关。

（2）岩浆矿床的成矿作用有结晶分异作用、熔离作用和爆发作用，它们分别形成岩浆分结矿床、岩浆熔离矿床和岩浆爆发矿床。要掌握这些矿床的主要特征及成矿机制。

（3）通过矿床实例分析，了解岩浆矿床形成的地质条件及其他控制成矿的因素。

4.2.2 实验资料

1.攀枝花铁矿床

（1）矿床类型：属晚期岩浆分异结晶矿床（岩浆分结矿床），即其中有用元素铁等较硅酸盐矿物从熔浆中晶出晚。矿石矿物主要是金属矿物充填在硅酸盐矿物颗粒间或胶结硅酸盐矿物。

（2）矿床简介：攀枝花铁矿位于四川省西南边陲，距四川省攀枝花市12km处，攀枝花、白马、红格、太和四大矿区集中展布在四川省西昌至攀枝花市区域内，呈一个南北长约200km、东西宽30～50km的狭长区带，即攀西裂谷带。攀枝花铁矿探明储量的钒钛磁铁矿近百亿吨，其中钒、钛储量分别占全国已探明储量的87%和94.3%，分别居世界第三位和第一位，故其有"钒钛之都"之称。矿石中还伴生有铬、钪、钴、镍、镓等多种有用矿物。现攀枝花已成为我国西南地区最大的铁矿石原料基地和全国最大的钛原料基地，是全国四大铁矿区之一。

（3）区域地质概况

①大地构造位置：位于康滇地轴中段西缘的安宁河深大断裂带中，受安宁河深大断裂次一级NE向断裂的控制。

②地层：区内分布地层由老到新依次为震旦纪、三叠纪和第三系。其中上震旦统分两层，下部是蛇纹石化大理岩，上部是透辉岩和透辉石大理岩互层；上三叠统地层在本区最发育，分布在矿区北部和西北部，其下部是紫红色砂砾岩，上部为灰绿色砂岩与黑色砂页岩互层，含煤；第三系为紫红色砂砾岩，呈水平或近水平，不整合覆于老地层之上。

③构造：区内以SN向断裂构造为主，主要有金河—箐河断裂、安

宁河—昔格达断裂、攀枝花断裂等。这些断裂的共同点：一是规模大，延长达数百千米，宽度达数千米，各断裂均由若干平行断裂构成；二是断裂带往往具片理、劈理、构造碎裂岩、糜棱岩化；三是沿断裂带有不同时期、不同类型的岩浆岩分布。另外，还有一些规模较小的NNE、NNW向断裂，属张剪切性断裂。

（4）矿床地质特征

①岩体特征：含矿辉长岩体为一走向北东45°，倾向北西、倾角50°～60°的单斜状岩体，规模长约35km，宽约2km。岩体由五个岩相带组成，自上而下依次为顶部浅色层状辉长岩带、上部含矿带、下部暗色层状辉长岩带、底部含矿带以及边缘带。以辉长岩为主，中间三个岩相带含矿明显（图4.1）。

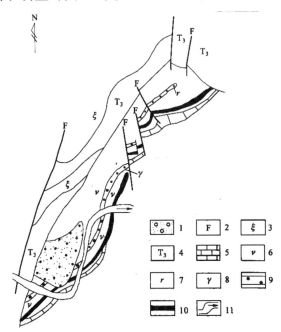

1- 第四系；2- 断层；3- 正长岩；4- 上三叠统；5- 震旦系灰岩；6- 层状辉长岩；
7- 层状细粒辉长岩；8- 碱性花岗岩；9- 层状含铁花岗岩；10- 铁矿体；11- 河流

图4.1　攀枝花铁矿地质略图

（资料来源：袁见齐等，1985）

②矿体特征：矿体与岩体展布方向一致，呈北东—南西向，矿床自北东向南西由朱家包包、尖山、兰家火山和营盘山四个矿段组成。其中朱家包包铁矿规模最大，该矿段长 2.2km，宽 1.1km，面积约 2.42km²。矿体呈层状、似层状产出，产状与岩层产状一致（图 4.2）。

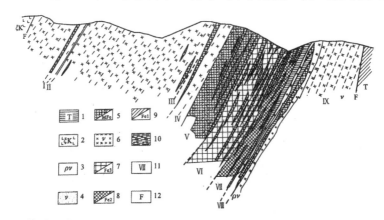

1–上三叠统砂页岩；2–角闪正长岩；3–粗粒辉长岩；4–层状细粒辉长岩；5–层状含铁辉长岩；6–细粒辉长岩；7–稀疏浸染状矿体；8–稠密浸染状矿体；9–致密状矿体；10–辉长岩层状构造；11–矿带编号；12–断层

图 4.2　攀枝花铁矿矿床地质剖面图

（资料来源：袁见齐等，1985）

③矿物组成：矿石中金属矿物有氧化物和硫化物两种，其中主要的氧化物有磁铁矿、钛铁矿、钛铁晶石、镁铝尖晶石等；主要的硫化物有磁黄铁矿、镍黄铁矿、硫钴矿、硫镍钴矿、辉钴矿、砷铂矿等。

④矿石结构构造：具自形、半自形和他形晶结构，海绵陨铁结构，磁铁矿和叶片状钛铁晶石（氧化后为钛铁矿）组成的格状结构，还有粒状镶嵌结构、嵌晶结构、共边结构、反应边结构、交代结构、压碎结构等。构造以条带状、层状、浸染状、块状构造为主，斑杂状和云雾状构造次之。

⑤矿床形成机制：攀枝花岩体形成于穹隆–火山型裂谷阶段的拉张破裂期。a.富含铁、钛、钒、铜等物质的幔源基性–超基性岩浆沿裂

谷断裂带发生大规模、多周期性线状脉动侵入，形成攀枝花层状辉长岩体的原始岩浆；b.原始岩浆在深部岩浆房中发生液态熔离分异，形成铁钛氧化物熔融体与硅酸盐熔融体；c.因密度差异，铁钛氧化物熔融体下沉而硅酸盐熔融体相对上浮，造成原始岩浆中两种成分的相对集中，岩浆上部形成富硅酸盐熔融体，下部形成富铁钛氧化物熔融体（矿浆）；d.随着构造活动的发生，岩浆房上部的富硅酸盐熔融体携带部分铁钛氧化物熔浆首先侵入围岩，由于围岩温度很低，刚侵入的岩浆迅速冷却，在内接触带上产生结晶细小的冷凝边，形成岩体底部的细晶辉长岩（图4.3）；e.富铁钛氧化物熔融体贯入辉长岩体冷凝结晶形成钒钛磁铁矿，在冷凝结晶过程中，同样存在物质的分异，形成铁钛氧化物相对富集的矿石和含少量铁钛氧化物的岩石；f.频繁的断裂带活动使深部岩浆房中的富铁钛氧化物熔融体不断贯入，形成具有相似韵律特征的钒钛磁铁矿层；g.随着富铁钛氧化物熔融体多期多阶段的活动，成矿作用不断重复发展，最终形成规模巨大的、具有韵律式结构的层状钒钛磁铁矿。

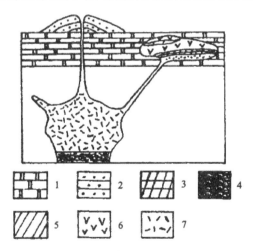

1– 上震旦统白云质灰岩；2– 海西期玄武岩；3– 下部层状富矿矿体；4– 富铁矿浆；
5– 上部低品位矿体；6– 攀枝花辉长岩体；7– 含铁硅酸盐熔浆

图4.3 攀枝花铁矿矿床成矿模式图

（资料来源：袁见齐等，1985）

2. 金川铜镍硫化物矿床

（1）矿床类型：属岩浆深部熔离－复式贯入型矿床，指在较高温度下的一种均匀的岩浆熔融体，当温度和压力下降时，分离成两种或两种以上不混熔的熔融体，由其中的含矿岩浆所形成的一类矿床。

（2）矿床简介：位于甘肃省金昌市，镍金属分布十分集中，矿藏量达549.5万吨，岩体体积中有36.2%构成工业矿体，平均含镍0.42%，含铜0.23%，是世界第三大采铜化物矿床。此外，还伴生有钴、钯、铂、锇、铱、铑、金、银、硫、硒、碲、铬、铁、镓、铟、锗、铊、镉等20余种元素，其中前12种元素具有显著的经济意义，尤以铂族元素经济价值最大。

（3）区域地质概况

①大地构造位置：位于华北地台边部阿拉善地块西南缘，南隔祁连早古生代褶皱系与柴达木地块相望，西连塔里木地台（图4.4）。

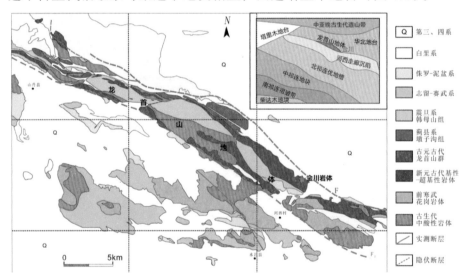

图4.4　金川铜镍硫化物矿床区域地质示意图

（资料来源：陈列猛，2009）

②地层：区域除普遍缺失古生代的志留纪、奥陶纪地层外，各时代地层均有发育。其中古元古代地层呈 NW 条带状分布于边缘隆起带之北部，主要由混合岩、各种片麻岩、蛇纹大理石岩、条带状大理岩组成；中、新元古代地层也呈 NW 向分布，主要由砾岩、砂岩、结晶灰岩、绢英片岩、钙质片岩和灰质角砾岩组成。

③构造：区内构造变形可分为三类：一类为成岩成矿前构造，为古元古代龙首山群构成的基地；一类为成岩成矿期构造，为中、新元古代和早古生代寒武纪沉积；一类为成岩成矿后构造，为晚古生界和中、新生界的断陷盆地或山间盆地沉积，现今表现为脆性破裂剪切构造特征、逆冲断层系和正断层的切错等复杂构造。

④岩浆活动和岩浆岩：本地区花岗岩类最为发育，多呈岩基产出。镁铁质 – 超镁铁质侵入体呈岩墙状、脉状及岩株状产出，断续分布在龙首山区。

（4）矿床地质特征

①岩体分布及含矿特征：容矿岩体约以 10° 的角度不整合侵位于前长城系地层中，长约 6500m，岩体不大，但含矿性好，东西两端被第四系覆盖，倾向 SW，倾角 50° ～ 80°，延伸大于 1100m，岩体宽20 ～ 527m，地表出露面积约 1.34km²，由西至东依次为Ⅲ、Ⅰ、Ⅱ、Ⅳ号岩体（图 4.5）。岩体由纯橄岩、二辉橄榄岩、斜长二辉橄榄岩、橄榄二辉岩组成，岩相之间界线清晰，中心部位岩体的基性程度最高。其中Ⅱ号岩体的西段和东段分别赋存金川铜镍硫化物矿床的最大的 1号矿体和第二大的 2 号矿体。

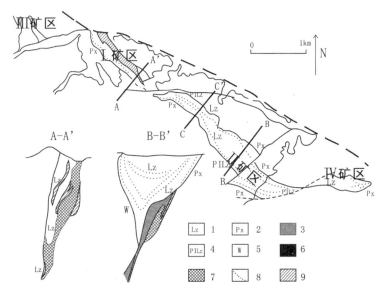

1–二辉橄榄岩；2–橄榄二辉岩；3–交代状矿石；4–斜长二辉橄榄岩；5–二辉岩；
6–块状硫化物矿石；7–网状富矿；8–岩浆岩相界线；9–浸染状矿石

图4.5 金川岩体地质图

（资料来源：袁见齐等，1985）

②矿物组成：主要金属矿物有磁黄铁矿、镍黄铁矿、紫硫镍铁矿、黄铁矿、黄铜矿等，另含少量的方黄铜矿、马基诺矿、墨铜矿、磁铁矿、赤铁矿、褐硫钾镍铁矿等；造岩矿物主要有橄榄石、辉石，少量斜长石、角闪石；蚀变矿物主要为蛇纹石、绿泥石。

③矿石结构构造：矿石结构以半自形–他形粒状、海绵陨铁、网状、固溶体分离等结构为主，有少量交代残余和碎裂结构等；矿石构造主要为浸染状和致密块状构造（图4.6）。

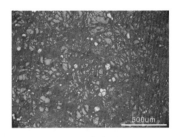

（a）星点状矿石　　　　　　　　　（b）海绵陨铁状矿石

（c）块状矿石　　　　　　　　　　（d）网状矿石

图 4.6　金川铜镍硫化物矿床矿石结构构造

④围岩蚀变：蚀变强度高，主要有蛇纹石化、绿泥石化和碳酸盐化。

⑤矿床形成机制：a. 原始岩浆为上地幔铁镁层部分熔融的产物，在深部岩浆房，原始岩浆开始熔离分异，在重力作用下，相同组分慢慢聚集；b. 比重较大的基性岩浆慢慢下沉，密度较小的岩浆上拱，在龙首山地壳处于裂谷或拉张环境时喷出地表，形成广泛分布的玄武岩，后变质为斜长角闪岩，而基性程度高的组分继续下沉，当地层再次断开时，上部岩浆又继续喷发，如此反复，形成了大量层状斜长角闪岩，部分基性火山岩物质加入陆源碎屑中，形成 Cr、Co 含量很高的片麻岩，而一部分基性岩侵入地层中，形成岩株状、岩脉状的斜长角闪岩；c. 硫化物比重大于硅酸盐岩浆，其小液滴聚集长大后继续下沉，通过漫长的熔离作用进一步聚集到岩浆房的下部形成了含硫化物岩浆，此时，岩浆的熔离分异作用还在继续；d. 聚集了成矿物质的含矿岩浆沿拆离断层上升，侵入地壳浅部，形成超基性杂岩。根据演化特征可将岩浆上侵定位的顺序分为三期：第一期富含钙铝硅酸盐贫 PGE、Au 的含矿岩浆上侵定位；第二期含 PGE、Au 的含矿岩浆上侵定位；第三期富含 PGE、Au 的富矿岩浆上侵定位。从第一期到第三期形成的超基性岩体的基性程度越来越高，成矿元素越来越富集，直至就位成矿（图 4.7）。

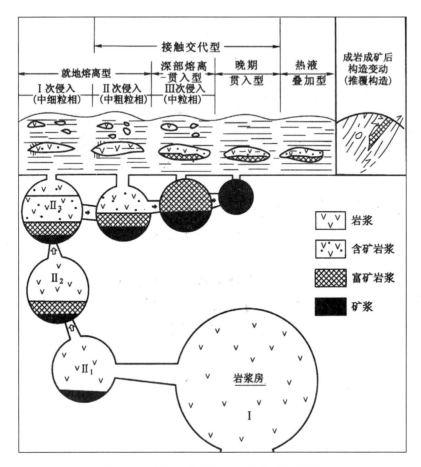

图 4.7　金川铜镍硫化物矿床成矿模式图

（资料来源：袁见齐等，1985）

3.蒙阴金刚石矿床

（1）矿床类型：属岩浆爆发矿床，是指经过岩浆的结晶分异作用或熔离作用后，喷发至地表所形成的矿床。

（2）矿床简介：位于山东省蒙阴县，南起常马庄，北至坡里一带，矿化范围约 1000km²，是我国第一个被发现的金刚石原生矿床，既有岩脉，又有岩管。

（3）区域地质概况

①大地构造位置：位于华北地台鲁西台背斜中心部位，上五井断

裂以东，沂沭断裂带以西（图4.8），在两条东西向构造带之间。

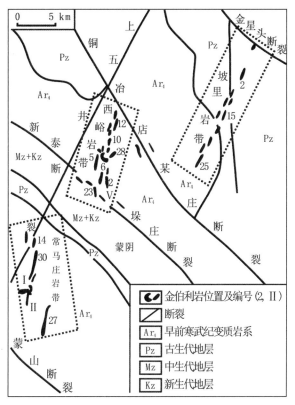

图4.8 山东蒙阴金伯利岩成矿带位置示意图

（资料来源：袁见齐等，1985）

②地层：主要为太古代泰山群万山庄组及太平顶组，外围有泰山群雁翎关组、山草峪组、寒武系、侏罗系上统、白垩系下统以及老第三系，主要为片麻岩。

③构造：以断裂为主，褶皱不发育。断裂主要以 NW 向及 NNE 向为主，其次是 NEE 向和近 SN 向。NW 向断裂由北向南依次为铜冶店—蔡庄断裂、新泰—埠庄断裂以及蒙山断裂，这三条断裂的规模巨大，是鲁西的主干断裂；NNW 向断裂规模有大有小，与金伯利岩关系密切。褶皱构造主要发育在老地层中，盖层中除断裂边上的伴生、派生褶皱

外，几乎没有。本区褶皱有两个，北部是石槽向斜，为一复式倒转向斜，轴部出露泰山群山草峪组，两侧是雁翎关组；南部是蒙山背斜，是复式倒转背斜，轴部出露泰山群万山庄组，南翼不全，只有太平顶组，北翼出露较全，依次出露太平顶组、雁翎关组、山草峪组。

④岩浆活动和岩浆岩：活动频繁，以中生代燕山期最为活跃。燕山期喷出岩主要分布在蒙阴盆地内，组成白垩系下统青山组，为一套暗色岩，主要由安山岩和玄武岩组成；燕山期侵入岩可分岩体和岩脉两类，主要岩性有花岗斑岩、正长斑岩、闪长玢岩、辉绿岩等，岩体较少。

（4）矿床地质特征

①岩体分布及含矿特征：目前探明金伯利岩矿带共三条，分别是常马岩带、西峪岩带和坡里岩带，呈 NNE-NE 向雁行左列式排列，有脉状和管状矿体，长超过 60km，宽超过 20km，规模为超大型，含矿性自南向北由富渐贫，由岩脉和岩管组成。

②矿物组成：主要矿物有金刚石、橄榄石（已被蚀变为蛇纹石）、金云母、石墨、镁铝榴石、铬镁铝榴石、铬尖晶石、钙钛矿、磷灰石等。

③金刚石特征：蒙阴金刚石的颜色以无色、微黄色、浅棕色为主；晶形多为八面体，晶体完整程度较差，原生碎块和次生碎块多。常含包裹体，成分主要为石墨、橄榄石和铬铁矿等。

④矿床形成机制：a.金伯利岩岩浆在深部进行结晶分异，晶出橄榄石、少量铝镁铬铁矿、镁铝榴石和金刚石；b.太古代晚期至古生代早期产生了张性断裂或裂隙，压力骤然降低，深处的岩浆、流体裹挟着金刚石晶体及其他碎裂的深部围岩，沿着断裂或裂隙向着温度压力相对较小的岩石圈上部上升（图4.9）；c.运移过程中由于温度和压力的减小，岩石的脆性逐渐增强，同时岩浆中的流体气化，逐渐增多的气体使得压力逐渐增大并发生隐爆，隐爆作用在脆性岩石中既产生新的裂隙又

使爆炸周围的岩石碎裂，新的围岩碎块和深部的金刚石及其围岩碎块在气体和岩浆的作用下掺杂在一起，继续沿着岩管向上运动，如此循环反复；d.上升至断裂或裂隙的顶端时，由于温度降低，金刚石结晶所需的压力也随之降低，同时含碳的气体逐渐增加，内压力在不断增加，开始岩浆的蒸馏作用，当上覆围岩无法抵挡岩浆的冲击力时，岩浆开始猛烈爆发，这时岩浆随挥发组分把已结晶的金刚石、橄榄石等矿物和围岩捕虏体一起带入已形成的空洞和裂隙中，有的甚至喷出地表；e.如此爆发作用反复多次，使金刚石进一步富集。

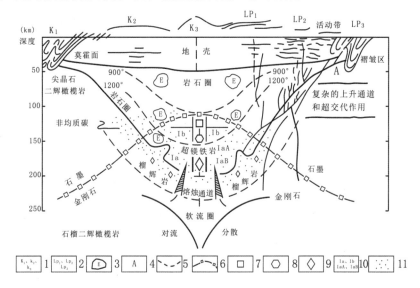

1– 不同构造单元的金伯利岩；2– 不同构造单元的钾镁煌斑岩；3– 榴辉岩豆荚状体；
4– 克拉通类型；5– 等温线；6– 石墨、金刚石相线；7– 立方体金刚石；8– 八面体金刚石；
9– 菱形十二面体金刚石；10– 金刚石类型；11– 微粒金刚石和晶质碳

图 4.9 金刚石成因模式图

（资料来源：袁见齐等，1985）

4.2.3 实验前准备

课前复习《矿床学》"岩浆矿床"章节，复习以下矿物和岩石的主要鉴定特征：磁铁矿、钛铁矿、赤铁矿、斜长石、辉石、绿泥石、磷灰石、金红石等，斜长岩、辉长岩等。

4.2.4　实验过程

1. 读图

（1）区域地质图：找出矿区在图上的位置，观察区域内矿床分布位置，注意思考这些矿床的分布位置与岩体、区域性构造（如深大断裂）有什么关系。

（2）矿区地质图：观察分析矿体的产出部位、矿体平面形态、矿体分布规律、矿体与构造和岩浆岩的关系、矿体与围岩的界线、围岩蚀变发育情况以及岩体与矿体、岩脉之间的穿插关系等。

（3）地质剖面图：观察矿体在垂直方向上的产状、形状；观察岩体、矿体、岩脉之间的穿插关系，判断它们的生成次序及哪种岩浆与成矿关系密切；观察围岩蚀变发育情况；在较大比例尺的剖面图上，还可看到矿体内部的构造。

2. 判断矿床类型及其主要特征

3. 观察标本

首先，观察手标本，即岩石标本和矿石标本。巩固岩石标本和矿石标本的观察描述知识，对矿石标本的观察还要注意区分矿石类型；观察浸染状矿石的海绵陨铁结构并联系其成因意义；观察致密块状矿石的固溶体分离结构并联系其成因意义。

其次，镜下观察矿石光片，重点是矿石的结构。

最后，把标本观察与图件观察联系起来，尽可能找出标本在图上的位置，对比不同矿体的产状、形状以及它们矿石结构构造上的差异，分析其成因。

4. 整理总结

把对实验资料的观察和分析按照布置的实习作业要求加以整理，编写实验研究报告书。

4.2.5 实验研究报告书

（1）对比早期、晚期及熔离岩浆矿床的地质特征。

（2）概述展出的任一岩浆矿床的地质特征，并阐述它经历了何种成矿作用。

4.2.6 思考题

1.岩浆矿床的共同特征是什么？

2.岩浆成岩作用与岩浆成矿作用有什么联系和区别？

3.区分早期岩浆矿床、晚期岩浆矿床和岩浆熔离矿床的主要标志是什么？

4.在野外对岩浆矿床应如何进行找矿工作？

4.3 伟晶岩矿床

4.3.1 目的要求

（1）熟悉伟晶岩（矿床）的基本概念。

（2）理解伟晶岩（矿床）的地质特征。

（3）掌握伟晶岩（矿床）内部带状构造特征、形成条件、成矿作用和成矿过程。

4.3.2 实验资料

新疆可可托海含稀有金属花岗伟晶岩矿床。

1.矿床类型

该矿床属于伟晶岩矿床。

2. 矿床简介

该矿床位于新疆阿尔泰地区，是世界闻名的稀有金属产地，其中以富蕴县境内的可可托海 3 号伟晶岩脉最为著名。目前主要开采锂、铍、铌、钽等稀有金属矿产。

3. 区域地质概况

（1）大地构造位置：位于新疆维吾尔自治区的最北端，北依西伯利亚的南缘，南至准噶尔地台的北端，一个巨大的、东西走向的、延绵数千千米的天山—蒙古—兴安的加里东—海西造山带从这里通过，可划分为 6 个（阿尔泰地体、阿尔泰西北地体、阿尔泰中部地体、琼库尔—阿巴宫地体、额尔齐斯地体、布尔津—二台地体）以断层为界限的呈 NW–SE 向的地质构造单元。

（2）地层：主要出露花岗岩和受高级变质作用的变质岩，其次为部分新元古代至志留纪的沉积岩。

（3）岩浆活动和岩浆岩：主要为加里东晚期的辉长岩、辉绿岩及各种 I 型和 S 型花岗岩的侵入活动，海西早、中、晚期的辉长岩、辉绿岩、闪长岩及各种 I 型、S 型和 A 型花岗岩的侵入活动。

4. 矿床地质特征

（1）岩体分布及含矿特征：形态复杂，整个伟晶岩脉形似一顶实心草帽，主要由两部分组成，即上部陡倾斜的筒状岩钟部分和下部缓倾斜的脉状体部分。岩钟呈椭圆柱状，从地表向下，深度大于 250m，在地表平面图上呈椭圆形，走向 NW335°，长约 250m，宽约 250m，倾向 NE，上盘倾角 40°～60°，下盘倾角 80°～90°，即自上而下有逐渐变大的趋势；缓倾斜脉状体见于地下 200～500m 处，走向 NW310°，倾向 SW，沿走向长 2160m，沿倾向延伸 1660m，厚 20～60m，平均厚 40m，倾角 10°～25°（图 4.10、图 4.11）。

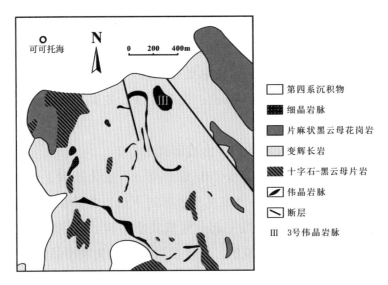

图 4.10　新疆可可托海矿区平面地质图

（资料来源：伍守荣等，2015）

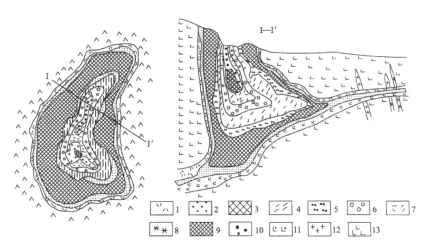

1– 文象 – 变文象带；2– 糖晶状钠长石带；3– 块状微斜长石带；4– 白云母 – 石英带；
5– 叶钠长石 – 锂辉石带；6– 石英 – 锂辉石带；7– 白云母 – 钠长石带；8– 钠长石 –
锂云母带；9– 石英铯榴石带；10– 核部块体石英长石带；11– 蚀变辉长石带；12– 花
岗岩脉；13– 辉长岩

图 4.11　新疆可可托海 3 号花岗伟晶岩矿脉地质图（左：平面，右：剖面）

（资料来源：袁见齐等，1985）

（2）矿物组成：金属矿物包括锂辉石、锂云母、绿柱石、铌铁矿、钽铁矿、细晶石、铯榴石等，硅酸盐矿物主要为长石、石英及云母。

（3）矿石的结构构造：结构主要有巨晶／伟晶结构、文象结构、粗粒结构、似文象结构、细粒结构；构造复杂，主要有块状构造、斑杂状构造、树枝状构造等。

（4）伟晶岩脉的带状构造（由边部到中心）

①文象 – 变文象伟晶岩带（Be 矿化带）：变化范围 1～10m，占整个脉体的 17.69％，主要分布在 3 号脉的下盘，尤其在北部地区更发育。石英与微斜长石交生在一起，形成文象结构。向脉体内部石英颗粒增大，形状从细长变为粒状，并逐步过渡为准文象伟晶岩。钠长石、石英或白云母交代文象或准文象伟晶岩，形成变文象结构；钠长石交代一部分微斜长石成条纹长石。

②糖晶状钠长石带（Be 矿体）：变化范围 1～10m，占整个脉体的 15.14％，主要由细粒钠长石及少量石英、白云母、石榴子石、绿柱石、磷灰石组成。铍主要富集在糖粒状钠长石集合体中，尤其在白云母（1％～2％）– 石英（<1％）– 钠长石（85％～92％）组合里更富集，可形成矿巢（往往磷灰石含量亦高）。

③块状长石带：变化范围 1～35m，占整个脉体的 17.94％，主要由微斜长石构成，含石英 5％～20％。二者构成粗粒（准）文象结构（发育在下部）。本带含有少量绿柱石、锂辉石、钽锰矿、锆英石等稀有元素矿物，一般不具工业意义。

④白云母 – 石英带（Be-Nb-Ta 矿体）：宽 4～13m，占整个脉体的 20％，主要由白云母、石英和少量钾长石、钠长石组成；副矿物有电气石、磷灰石、石榴石。铍、铌、钽矿化与白云母 – 石英集合体关系密切。

⑤叶钠长石 – 锂辉石带（Li-Nb-Ta 矿体）：变化范围 3～30m，占整个脉体的 14.77％。叶钠长石（叶长石）是呈叶片状产出的钠长石。

本带主要由叶钠长石、锂辉石、石英、白云母组成。矿石矿物为锂辉石、铌钽锰矿及富碱绿柱石。

⑥石英 – 锂辉石带：宽 3～15m，占整个脉体的 3.74%。矿物组成与叶钠长石 – 锂辉石带相似，只是叶钠长石含量降低，石英含量增加（含量 40%～60%）。

⑦白云母 – 薄片状钠长石带（Nb–Ta–Hf 矿体）：宽 3～7m，占整个脉体的 3.27%，主要由薄片状钠长石和鳞片状白云母组成，有少量微斜长石和石英。其中 Rb 分散在白云母内，Cs 分散在铯榴石、白云母、绿柱石中，Ta 分散在钽锰矿、富钽铀细晶石中。

⑧钠长石 – 锂云母带（Ta–Cs–Li–Rb–Hf 矿体）：宽 5～40m，占整个脉体的 0.08%，主要由钠长石和锂云母组成，还有少量石英、微斜长石及锂辉石。

⑨核部块状微斜长石及石英带：宽 5～40m，占全脉体的 0.51%，主要由微长石和石英组成，位于脉体核部，矿物成分简单。Rb、Cs 具工业意义，石英纯度达 99.9%。

（5）矿床形成机制：该矿床属于重熔结晶分异成因伟晶岩矿床，表现出多阶段演化过程。前期主要为结晶分异作用阶段，包括 Ca–Na 阶段（REE 矿化）、K 阶段（REE–Nb–U–Th–Zr 矿化）。由于温度的降低，组成伟晶岩矿床的主要矿物从熔浆中逐渐结晶出来，并随着结晶作用的不断进行，产生分异现象，形成较好的带状构造。后期交代作用突出，以出现 Na 的交代为转折点，生成 Be–Nb–Ta 等矿化。后期挥发组分作用较大，除上述形成气水热液参与交代外，还起到增大伟晶岩浆的内应力的作用，并在构造应力作用下，侵入母岩的外壳或围岩的构造裂隙中，形成伟晶岩脉。

4.3.3 实验前准备

（1）复习伟晶岩矿床的特点及伟晶岩矿床的形成过程和成矿作用。

（2）复习以下矿物的鉴定特征和化学成分：微斜长石、钠长石、白云母、锂云母、铯榴石、锂辉石、绿柱石、电气石、黄玉、褐帘石等。

4.3.4　实验过程

1. 读图

（1）区域地质图：找出矿区在图上的位置，观察区域内矿床分布位置，注意思考这些矿床的分布位置与区域性构造（如深大断裂）有什么关系。

（2）矿区地质图：观察分析矿体的产出部位、矿体平面形态、矿体分布规律、矿体与构造和岩浆岩的关系、矿体与围岩的界线、围岩蚀变发育情况以及岩体与矿体、岩脉之间的穿插关系等。

（3）地质剖面图：观察岩体的分带现象。

2. 判断矿床类型及其主要特征

3. 观察标本

首先，观察手标本，即岩石标本和矿石标本，巩固岩石标本和矿石标本的观察描述知识，重点掌握伟晶岩矿床标本的特点。

其次，镜下观察矿石光片，重点是矿石的结构。

最后，把标本和图件联系起来。伟晶岩矿床分带性明显，不同标本在图件中的位置不同，可以将位置进行标注。

4. 整理总结

把对实验资料的观察和分析按教师布置的实习作业要求加以整理，编写实验研究报告书。

4.3.5　实验研究报告书

以展示的某一伟晶岩矿床为例，分析它的成矿受哪些条件控制，它的成矿作用有哪些以及成矿的有利部位在哪里。

4.3.6 思考题

1. 研究花岗伟晶岩体（矿体）内带状构造有何理论意义及实际意义？

2. 伟晶岩矿床与岩浆岩矿床有何异同？

3. 伟晶岩中主要有哪些矿产？应到具备什么样的地质条件的地区去寻找花岗伟晶岩矿床？

4.4 接触交代矿床

4.4.1 目的要求

（1）理解矽卡岩矿床的概念及内涵。

（2）理解矽卡岩矿床的成矿作用。

（3）掌握矽卡岩矿床的形成条件及成矿过程。

4.4.2 实验资料

1. 湖北大冶铁矿

（1）矿区简介：位于湖北省大冶市西北部，以磁铁矿为主，伴生有工业价值的黄铜矿和黄铁矿，矿石含铁品位中—高，含硫高，含磷低。矿床由六大矿体组成，自西向东依次为铁门坎、龙洞、尖林山、象鼻山、狮子山和尖山矿体，矿体总长 4300m，其中尖林山矿体为盲矿体。

（2）区域地质概况

①大地构造位置：位于淮阳山字形构造弧顶西侧与新华夏构造体系第二隆起带次级构造的复合部位。

②地层：出露的地层主要是三叠系下统大冶群，其次为二叠系上统大隆组和龙潭煤系。大冶群分为七个岩性段，均已接触变质。

③构造：经历了复杂的构造变动，其中褶皱构造有 NWW 向秀山向斜、铁山背斜，近 SN 向尖山背斜、麻雀脑背斜；断裂构造有 NWW 及近 SN 向两组。前者以棺材山压扭性断裂带及 F_{25} 断层为代表；后者以尖山压扭性断层为代表。

④岩浆活动和岩浆岩：铁山岩体东西长 24km，南北宽 5km，面积 120km^2，出露形状呈纺锤形，是燕山期多次岩浆活动形成的复式岩体。已查明有四次侵入活动，由老至新依次为中粒含石英闪长岩、中粒黑云母透辉石闪长岩、正长闪长岩和斑状含石英闪长岩。各岩浆岩特征见表 4.1。

表 4.1　岩浆岩特征

岩石名称	矿物成分	岩石结构
中细粒含石英闪长岩	斜长石 69.8％，钾长石 12.2％，石英 7.9％，角闪石 7.9％；副矿物有磁铁矿、锆石、榍石、磷灰石等	中细粒全晶质半自形粒状或柱粒状结构
黑云母透辉石闪长岩	斜长石 69.7％，钾长石 7.1％，角闪石 0.8％，黑云母 6.6％，透辉石 12.0％；副矿物同上	半自形到他形不等粒状结构
正长闪长岩	斜长石 65.4％，钾长石 19.3％，石英 3.2％，角闪石 9.3％，黑云母 0.4％，透辉石 0.1％；副矿物同以上两种岩石	中粒半自形柱粒状结构
斑状含石英闪长岩	斜长石 71.8％，钾长石 13.0％，石英 7.6％，角闪石 5.7％；副矿物有榍石、磁铁石、锆石、磷灰石	中粒似斑状结构

（3）矿床地质特征

①矿体形态产状和规模：总体呈似层状，产于正接触带中，走向 NWW。其形态在不同地段差异较大，可呈脉状、透镜状、囊状等。沿走向长度在 360～372m，最大斜深 550m，最小 20m，一般为

100 ～ 400m。最大厚度 180m，最小 10m，一般为 30 ～ 80m(图 4.12)。

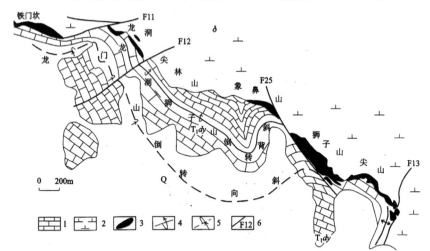

1- 大冶群大理岩、白云质大理岩；2- 闪长岩；3- 矿体；4- 倒转背斜；5- 倒装向斜；
6- 断层及编号

图 4.12　湖北大冶铁矿床地质简图

（资料来源：中南地勘局，2006）

②矿物组成：矿石矿物有磁铁矿、赤铁矿和少量黄铁矿、黄铜矿、闪锌矿等；非金属矿物主要有透辉石、钙铁辉石、钙铁榴石等。

③矿石结构构造：矿石结构以细粒他形结构、交代残余结构为主，其次有骸晶结构、假象结构、乳滴状结构、自形晶粒结构等；矿石构造有块状、孔洞 - 晶簇状、角砾状、花斑状、条带状、浸染状等。

④围岩蚀变：主要有矽卡岩化、钠化、钾化、硅化、碳酸盐化、绿泥石化和蒙脱石化等。前三种蚀变与矿化关系密切，且在黑云母透辉石分布地段发育较强烈。围岩蚀变呈现分带性（表 4.2）。

表 4.2　围岩蚀变分带

接触岩石	石英闪长岩与大理岩接触	黑云母透辉石闪长岩与大理岩接触
内变质带	①微变质闪长岩，有时显钠长石化 ②细粒钠长石化闪长岩 ③方柱石－钠长石化闪长岩	①轻微变质钾（钠）长石化黑云母透辉石闪长岩 ②网脉状石榴子石－方柱石化黑云母透辉石闪长岩 ③石榴子石－方柱石－钾（钠）长石矽卡岩
外变质带	①透辉石矽卡岩 ②透辉石硅化大理岩 ③大理岩或白云质大理岩	①含金云母透辉石、次透辉石矽卡岩 ②大理岩

⑤矿床形成机制：形成大冶铁矿床的岩浆岩为中酸性，主要为石英闪长岩、黑云母透辉石闪长岩以及含石英闪长岩，这些岩浆岩与围岩接触交代。围岩主要岩性为灰岩以及白云质灰岩，致使在其接触带或附近灰岩形成大理岩和白云质大理岩，侵入岩则形成矽卡岩系列的硅酸盐矿物，以铁的氧化物为主。矿床形成过程可划分为两个矿期：第一成矿期包括磁铁矿阶段、赤铁矿－菱铁矿阶段和硫化物阶段；第二成矿期可划分为矽卡岩阶段、磁铁矿阶段、石英－硫化物阶段和碳酸盐阶段。主矿体在第一成矿期形成。大冶铁矿床的成因较复杂，并不是由单一的成矿作用形成的，应是以接触渗滤交代作用为主、以接触扩散作用为辅的综合成矿过程。

2. 个旧锡矿床

（1）矿床简介：位于云南省个旧市，分为东西两个区。东区面积为810km²，集中了个旧马拉格、松树脚、高松、老厂、卡房五大锡矿；西区面积为310km²，集中了牛屎坡、陡岩等大小矿床数十个，个旧市有"中国锡都"之称。

（2）区域地质概况

①大地构造位置：矿区位于康滇台背斜南部呈南北向的印支凹陷带中。矿区分布在北东、北西和南北方向多个褶皱断裂带的交会处。

②地层：区内分布厚达 3000 余米的三叠系地层，主要是碳酸盐岩类及砂页岩，其中三叠统个旧组灰岩、白云岩及其互层是矿区的主要容矿地层。区域西北和东南部广泛出露前古生代和古生代的沉积岩层。

③构造：分东西两区，东区发育 NE 向复式背斜，其上又有次一级的褶皱和穹隆，其次发育 NE、NW 以及近 EW 向的断裂；西区为一开阔平缓向斜，向东连接复式背斜。矿区可分为三级控矿构造：一级构造是由海西 – 印支期特别是印支期拉张裂陷作用而形成的岩浆裂陷盆地、区域性的北东向弥勒小江断裂带经过矿区的断裂——师宗断裂和近南北向的个旧断裂及甲界山断裂；二级构造有五子山复背斜和贾沙复向斜，两者毗邻并列，分别展布于东区和西区，是控岩控矿构造；三级构造主要为一系列等间距分布的北东向断裂（带）以及一些平行排列的近东西、北西向断裂和由褶皱挠曲组成的挤压带。

④岩浆活动和岩浆岩：岩浆活动强烈而复杂。从印支期到燕山期，与右江地槽有关的上侵岩浆从基性喷发开始，后转向酸性 – 碱性侵入活动，最后以与哀牢山深大断裂有关的各种斑岩和脉岩的侵入告终，其中酸性侵入体的规模最大。

（3）矿床地质特征

①矿体形态及规模：总体趋势从陡倾斜的脉状、柱状过渡到缓倾斜的凸镜状和似层状（图 4.13）。大小不一，沿走向长百米以上，直达 1 ～ 2km，沿倾向延伸几百米至 1km 以上，厚度一般为 5 ～ 30m，局部厚度在 100m 以上。

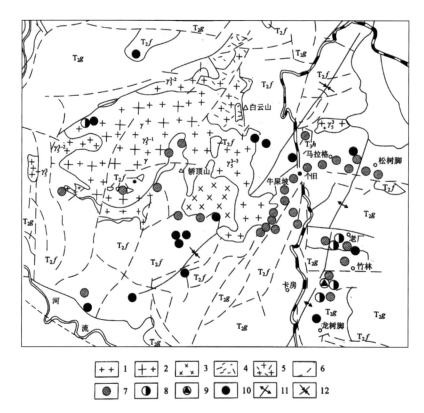

1- 斑状黑云母花岗岩；2- 黑云母花岗岩；3- 辉石二长岩；4- 霞石正长岩；5- 富钾花岗岩；6- 断层；7- 锡矿；8- 铜矿；9- 钨矿；10- 铅矿；11- 背斜轴；12- 向斜轴；T_3h- 火把冲组；T_2f- 法郎组石灰岩、白云岩；T_2g- 个旧组石灰岩

图 4.13 云南个旧锡矿地质图

（资料来源：袁见齐等，1985）

②围岩蚀变：包含钾化、钠化、黄玉化、电气石化、云英岩化、绢云母化、萤石化、绿泥石化等。

③矿物组成：主要的金属矿物有锡石、白钨矿、黑钨矿、辉铋矿、毒砂、磁黄铁矿、黄铜矿、黄铁矿、闪锌矿、方铅矿等；脉石矿物有黑云母、金云母、萤石、石英、方解石、石榴子石、透辉石、符山石等。

④矿石结构构造：常呈鲕状、胶状、草莓状结构；常见纹层条带

状、结核状构造等。

⑤矿床形成机制：硅酸盐阶段，在花岗岩顶部与碳酸盐类的接触带上，由双交代作用形成矽卡岩，由无水硅酸盐组成；氧化物阶段，富含 K、Na、F、Cl、OH^-、B 及 CO_2 的气水溶液作用于岩体顶部，形成上述蚀变，溶液性质由酸性逐渐变为碱性；硫化物阶段，金属硫化物按照结晶顺序依次沉淀，锡石贯穿始终，这个阶段锡矿化最为强烈；碳酸盐阶段，大量的碳酸盐矿物代替了金属硫化物，锡矿化程度较上减弱（图 4.14）。上述各成矿阶段，含矿溶液的酸碱度呈波状交替出现，锡石在酸性或碱性溶液中均可沉淀，但由于个旧锡矿围岩为碳酸盐类岩石，碱性强，因此锡石的富集和沉淀多与碱性溶液相关。

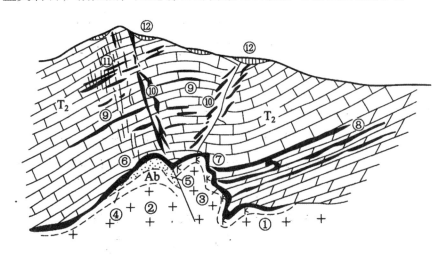

T_2- 中三叠统白云质石灰岩和石灰岩；① – 斑状黑云母花岗岩；② – 中 – 细粒黑云母花岗岩；③ – 钾长石交代岩，伴有白钨矿（锡石）矿化；④ – 钠长石化花岗岩；⑤ – 云英岩或云英岩化花岗岩，伴有铍、锡、钨、钼、铌、钽、铅矿化；⑥ – 钙矽卡岩铜、锡（钨、铋、金）矿体；⑦ – 镁矽卡岩铜锡（钨）矿体；⑧ – 产于石英 – 萤石 – 磷酸盐岩中的锡铜铅锌（银）矿体；⑨ – 层间交代矿体（锡、铜、铅、锌）；⑩ – 脉状交代矿体（锡、铜、铅、锌）；⑪ – 电气石细脉带型锡（铬、铍、钨、铜）交代矿床；⑫ – 砂锡矿

图 4.14 云南个旧锡矿床模式图

（资料来源：裴荣富，1995）

4.4.3　实验前准备

（1）课前复习接触交代矿床的概念、特点、成矿作用和成矿过程。

（2）复习矽卡岩矿物的鉴定特征（石榴子石类、辉石类、角闪石类矿物以及绿帘石、方柱石等）。

4.4.4　实验过程

1. 读图

（1）区域地质图：观察接触带构造及其两侧的岩浆岩和地层岩性。

（2）矿区地质图：观察、分析矿体的形状、产状。

（3）地质剖面图：观察矿体在垂直方向上的产状、形状；观察岩体、矿体、岩脉之间的穿插关系，判断它们的生成次序及哪种岩浆与成矿关系密切；观察围岩蚀变发育情况；在较大比例尺的剖面图上，还可看到矿体内部的构造。

2. 判断矿床类型及其主要特征

3. 观察标本

首先，观察矽卡岩矿物及类型、矿石的矿物成分及结构构造。尤其要观察标本的蚀变情况。

其次，镜下观察矿石光片，重点是矿石的结构。

最后，把标本观察与图件观察联系起来，分析矽卡岩分带与矿体的关系、成矿阶段等。

4. 整理总结

（1）分析矿化与矽卡岩化的时间和空间分布关系。

（2）把对实验资料的观察和分析按教师布置的实习作业要求加以整理，编写实验研究报告书。

4.4.5　实验研究报告书

任意选定一例展示矽卡岩矿床，阐述其地质特征并论述其成矿作用及成矿过程。

4.4.6　思考题

1. 接触交代矿床是否就等同于矽卡岩矿床？

2. 矽卡岩与角岩有什么区别？

3. 接触交代矿床最主要的形成条件是什么？

4. 接触交代矿床的特点有哪些？

5. 接触交代矿床在气水热液矿床中所处的地位及工业意义如何？

6. 传统的接触交代矿床成矿理论是什么？近年来有哪些补充和发展？

4.5　岩浆热液矿床

4.5.1　目的要求

（1）理解充填成矿作用、交代成矿作用的内涵及形成矿床的特征。

（2）掌握不同类型岩浆热液矿床的地质条件。

（3）认识围岩蚀变的地质意义。

4.5.2　实验资料

1. 西华山钨矿床

（1）矿床简介：位于我国江西省，面积约 $6km^2$，产于花岗岩中的黑钨矿为典型的气成 – 高温热液的黑钨矿 – 石英脉，是我国众多钨矿区之一。我国江西、广东、湖南及福建等省是世界最著名的钨矿产区。

（2）区域地质概况

①大地构造位置：位于华南加里东地槽褶皱区。

②地层：出露地层有震旦纪、寒武纪、奥陶纪。其中震旦纪为浅变质长石石英砂岩、板岩夹凝灰质砂页岩、砂砾岩，上部为硅质岩，可作标志层，总厚度小于6000m，寒武纪则以砂岩、砂质板岩互层为主，偶夹灰岩透镜体，底部以含碳质板岩、石煤层为特征，整合覆在震旦系之上，厚度小于7000m；奥陶纪为砂质板岩、含碳质板岩、板岩、变余长石石英砂岩、凝灰质砂岩及结晶灰岩等，厚度小于450m（图4.15）。

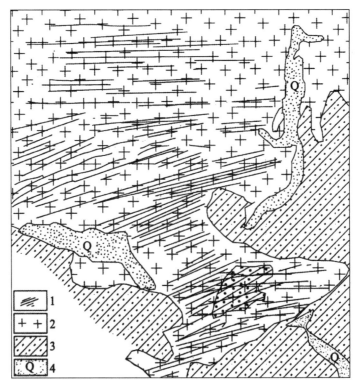

1-含钨石英脉；2-黑云母花岗岩；3-砂岩、千枚岩；4-第四系砂砾沉积

图4.15 西华山钨矿地质略图

（资料来源：翟裕生等，2011）

③岩浆岩：西华山花岗岩体同位素年龄为 160 ～ 184Ma，应属燕山早期。岩体呈椭圆形岩株，出露面积 20km²，是一个复式岩体，其侵入期次如表 4.3。

表 4.3 西华山花岗岩体侵入期次表

期	阶 段	代 号	岩 性
一	前锋花岗岩化	$\gamma_g^{1-1'}$	斑状中粒花岗岩
	"主侵入"	γ_g^{1-1}	中粒黑云母花岗岩
二	前锋花岗岩化	$\gamma_g^{1-2'}$	斑状中细粒花岗岩
	"主侵入"	γ_g^{1-2}	中细粒黑云母花岗岩
三	前锋花岗岩化	$\gamma_g^{1-3'}$	斑状细粒花岗岩
	"主侵入"	γ_g^{1-3}	细粒石榴石自变质花岗岩

④地球化学特征。西华山花岗岩体中微量元素特征：a. W、Sn、Be、Mo、Li、Rb、Cs、Y、Nb、U 含量较高，一般为酸性岩平均含量的几倍到十几倍，Cu、Zn、Zr 含量低于酸性岩的平均含量。b. 前锋花岗岩中的 Be、Li、Cs、Mo、Cu、Pb、Zn、B 含量较"侵入"阶段花岗岩中的高，而 W、Sn、Nb、V、Sr、Y、Yb 的含量则较"侵入"花岗岩低。总之，前锋花岗岩中亲硫元素含量高，"侵入"花岗岩中亲氧元素含量较高。c. 从早期到晚期，W、Sn、Cs、V、Sr、Y 及 Yb 的含量有增高趋势，特别是 W 在晚期最富集。d. 西华山花岗岩中的黑云母含 Sn、U、Nb、Zr 等较高；长石中含 W 较高。

西华山岩体实测的石英和黑钨矿包裹体水 δD 值为 –35.71‰～ 72.38‰，δO¹⁸ 计算值为 9.51‰。全岩 δO¹⁸ 值为 11.77‰。以上数字基本都落在岩浆水（δD 为 –50‰～ 85‰，δO¹⁸ 为 5.5 ～ 10‰）的范围内。据包裹体测温，矿脉形成温度为 260℃～ 325℃。

（3）矿床地质特征

①矿体特征：含钨石英脉多产于发育完善的剪切节理

中，或产在剪裂带、破碎带中，成组成带平行出现。矿脉走向 NE85°～NW60°～80°。矿脉密集但大小不一，宽 10～30cm，长 100～600m，延伸几十米到 600m，个别可达 1000m。矿石平均品位 WO$_3$：1.6%，一般为 0.17%～2.15%，富矿大于 1%，贫矿小于 1%。沿矿脉走向矿体中部较富，两端逐渐变贫。在垂直方向上，矿化深度一般在花岗岩体顶面以下 70～100m，其中主脉可达 250～300m。WO$_3$ 含量在中部较高，上部和下部较低，根部无矿。

②矿物组成：主要由石英（占 90%～95% 以上）和黑钨矿组成。其他金属矿物还有锡石、辉钼矿、辉铋矿、白钨矿、毒砂、黄铁矿、黄铜矿、闪锌矿、方铅矿等。非金属矿物有白云母、钾长石、电气石、绿柱石、黄玉、萤石、绢云母等。

③矿石结构构造：矿石结构有自形、半自形、他形粒状结构；矿石构造有块状、浸染状、条带状、对称条带状、梳状、晶洞状及角砾状构造等。

④围岩蚀变：云英岩化，钾长石化、硅化发育，此外还有钠长石化、绢云母化、碳酸盐化等。云英岩呈不规则囊状，并有黑钨矿、锡石、白钨矿及辉钼矿矿染，蚀变强烈者一般品位较高。

⑤矿床形成机制：a. 矿床的围岩多是一些酸性岩浆岩，酸性环境有益于成矿物质沉淀，因此高温含矿溶液未经长距离搬运，即在酸性岩浆顶部或围岩中沉淀；b. 酸性围岩受到高温气水溶液的交代作用，使长石水解为石英和白云母，即产生云英岩化，蚀变越强，品位越高；c. 矿床伴随着多期花岗岩的侵入，尤以晚阶段的花岗岩矿化最好，且在此过程中钾长石化逐渐减弱，钠长石化和云英岩化逐步增强，相应的成矿元素含量也不断增高；d. 最终形成外接触带具有角岩化的热变质晕，内接触带则分布着此区域一系列钨矿床（图 4.16）。

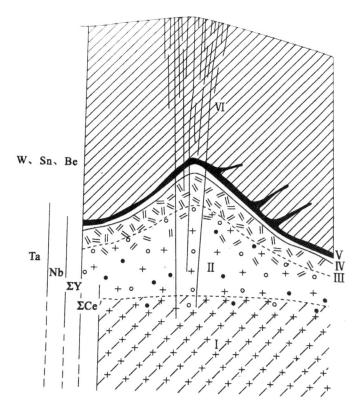

Ⅰ – 钾化带；Ⅱ – 钠化带；Ⅲ – 云英岩化带；Ⅳ – 似伟晶岩带；Ⅴ – 石英壳；
Ⅵ – 钨锡铍石英脉

图 4.16　西华山钨矿矿化模式

（资料来源：翟裕生等，2011）

2.招远金矿

（1）矿床简介：位于山东省招远市，是我国著名的金矿集中区，有玲珑金矿、夏甸金矿、金翅岭金矿、河西金矿等十余个大型金矿床，素有"黄金之乡"的美称。

（2）区域地质概况

①大地构造位置：地处华北地台鲁西地盾的胶东隆起区内，胶东隆起区西界为沂沭断裂带，东南界为五莲—荣成断裂带。中生代的太平洋库拉板块活动，导致了渤海凹陷、胶北隆起、胶莱凹陷和胶南隆

起的形成，构成了该区的构造骨架。

②地层：以古元古代荆山群和粉子山群为主，还有中太古代唐家庄岩群及新太古代胶东岩群等。

③构造：褶皱断裂构造发育，褶皱主要是栖霞复背斜，横贯金矿集中区，断裂主要是招平断裂带和焦家断裂带，按断裂走向可分为NNE向、NE向、近SN向、SEE向及NW向五组断裂，还有一系列次级断裂。其中主控断裂带的性质大致是早期为韧性，中期为韧脆性，晚期为脆性。

④岩浆活动和岩浆岩：主要为玲珑片麻状黑云母花岗岩，其次有栾家河型二长花岗岩、郭家岭型花岗闪长岩等，受构造运动影响，选择性重熔形成多期次花岗杂岩体（图4.17）。

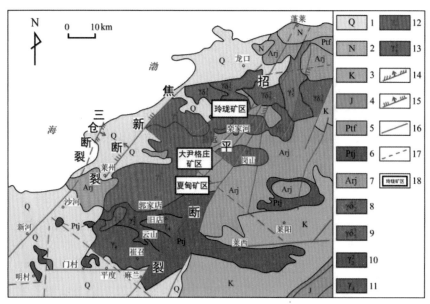

1- 第四系；2- 新近系；3- 白垩系；4- 侏罗系；5- 元古宇粉子山群；6- 元古宇荆山群；
7- 太古宇胶东群；8- 元古代花岗闪长岩；9- 燕山期花岗闪长岩；10- 元古代花岗岩；
11- 海西– 印支期花岗岩；12、13- 燕山期花岗岩；14- 压扭性断裂；15- 张扭性断裂；
16- 性质不明断层；17- 推测断层；18- 矿区

图 4.17　招平断裂带地质略图

（资料来源：陆贵龙，2015）

（3）矿床地质特征

①围岩蚀变：蚀变类型主要有硅化、绢云母化、黄铁矿化、钾长石化、碳酸盐化以及绿泥石化等。

②矿物组成：主要的金属矿物有自然金、黄铁矿、赤铁矿、菱铁矿、毒砂、黄铜矿、黝铜矿等；非金属矿物有石英、滑石、萤石、冰洲石以及碳酸盐类矿物。

③矿石结构构造：矿石结构细小，主要是各种变晶结构，如自形变晶、不等粒变晶、放射状变晶以及晶粒内胶状环带结构等，其次还有交代作用形成的脉状填隙结构；构造主要有角砾状构造、带状构造，其次有胶状、皮壳状、梳状、环状和晶洞构造。

④矿体形态：矿体形态具多样性特征。由充填作用形成的矿体，主要呈简单的脉状，比较规则，但也常呈复脉状、网状、梯状以及鞍状等；由交代作用形成的矿体，以似层状最为常见，其次有扁豆状、囊状和柱状等（图 4.18）。

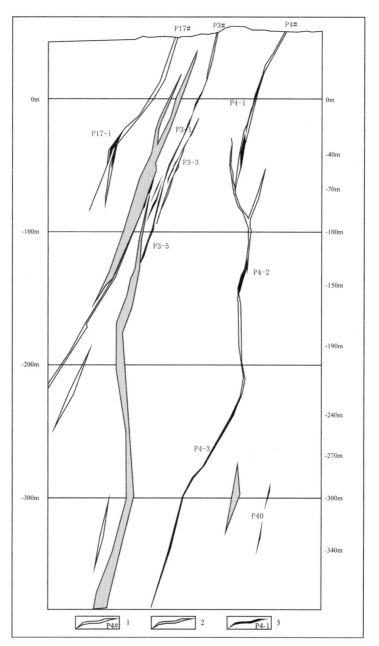

1-矿化蚀变破碎带及编号；2-脉岩；3-矿体及编号

（a）

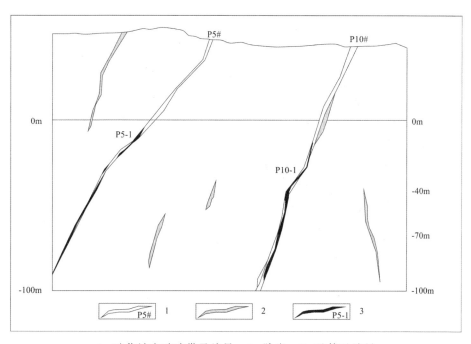

1– 矿化蚀变破碎带及编号；2– 脉岩；3– 矿体及编号

（b）

图 4.18 招远金翅岭金矿采区某勘探线剖面图

（资料来源：陆贵龙，2015）

⑤矿床形成机制：断裂控矿明显，与中生代的活化作用有关，是早期深层次构造形成后经上升至浅部并再次遭受断裂活动的改造、叠加和破碎的结果。金矿床主要赋存在中生代玲珑型花岗岩体中，中生代壳源重熔花岗岩为本区域直接矿源层，加之不同级别 NNE–NE–NEE 向韧脆性剪切带及其伴生、派生的次生断裂，通过充填交代作用，控制了本区域矿田和矿床的产出位置（图 4.19）。

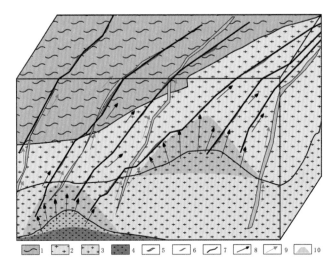

1- 前寒武系地层；2- 第一期形成岩体；3- 第二期形成岩体；4- 第三期形成岩体；
5- 造山后脉岩组合；6- 金矿体；7- 断层；8- 流体（花岗岩相关）示意标志；9- 流体（脉岩相关）示意标志；10- 重熔界面低压区

图 4.19　招远金翅岭金矿成矿模式示意图

（资料来源：陆贵龙，2015）

4.5.3　实验前准备

复习"热液矿床"章节的知识，掌握各类围岩蚀变的特征。

4.5.4　实验过程

1. 资料分析

由于成矿溶液和成矿物质的多来源、成矿的多阶段以及多种多样的成矿环境，形成了种类众多的热液矿床类型。各类热液矿床不仅有共同的特征，也有各自的特征。这一点可以通过不同类型的矿床实例进行对比了解。

2. 读图

（1）区域地质图：找出矿区在图上的位置，观察区域内矿床分布位置，注意分析这些矿床的分布位置与岩体、区域性构造（如深大断裂）有什么关系。

（2）矿区地质图：观察分析矿体的产出部位、矿体平面形态、矿体分布规律，应着重分析成矿基本控制因素——地层、构造，有的矿床还应考虑岩浆岩和岩相条件。

（3）地质剖面图：观察矿体在垂直方向上的产状、形状，岩体、矿体、岩脉之间的穿插关系，围岩蚀变发育情况。在较大比例尺的剖面图上，还可看到矿体内部的构造。

3. 观察分析标本

研究矿石的矿物共生组合、结构构造、围岩蚀变、成矿期和成矿阶段、矿物包裹体特征、成矿温度、稳定同位素等。

4. 分析矿床成因

由于热液矿床成矿的复杂性，一个矿床往往有多种成因解释。针对不同的成因观点，可根据掌握的资料提出自己的观点。具体地把标本观察与图件观察联系起来，尽可能找出标本在图上的位置，对比不同矿体的产状、形状以及它们矿石结构构造上的差异，分析其成因。

5. 整理总结

把对实验资料的观察和分析按教师布置的实习作业要求加以整理，编写实验研究报告书。

4.5.5　实验研究报告书

任意选择一岩浆热液矿床，陈述其地质特征及成矿作用。

4.5.6　思考题

1. 热液矿床有哪些共同特点？

2. 热液矿床与岩浆矿床、伟晶岩矿床的主要区别是什么？

3. 研究围岩蚀变有什么意义？

4. 热液矿床有哪些主要矿产？在国民经济中的意义如何？

4.6 层控矿床

4.6.1 目的要求

（1）理解矿源层的内涵。

（2）领会热卤水的形成过程。

（3）掌握层控矿床的特点。

（4）了解层控矿床的成矿作用机制。

4.6.2 实验资料

1. 南京栖霞山铅锌矿床

（1）矿床简介：位于南京东部，属层控矿床，它是地壳运动—岩浆活动—沉积作用的演化产物，总是产生在一定的大地构造环境和一定的含矿建造中，并总是伴随着大地构造条件和含矿建造特性在时间上的演化而变化。

（2）区域地质概况

①大地构造位置：位于宁镇山脉西部。宁镇山脉是扬子准地台上一个以前震旦系为基地，从震旦纪至三叠纪长期发育的凹陷带经造山运动而形成的（图 4.20），处宁镇断褶穹西段北缘。

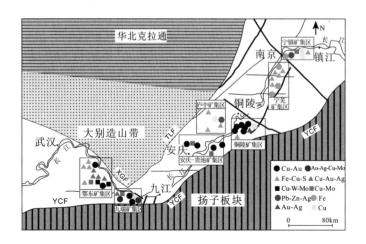

图 4.20　长江中下游地区构造简图及矿床分布位置图

（资料来源：孙学娟，2019）

②地层：包含志留系、泥盆系、石炭系、二叠系以及侏罗系象山群。矿区外围有侏罗系、三叠系地层。赋矿层位为上泥盆统至下二叠统，主要为碳酸盐类岩石（图 4.21）。

③构造：主要为栖霞山复式背斜，矿床位于复背斜南翼，南翼发育两个次级褶皱，次级褶皱轴向与复背斜轴向基本一致。此外还有北东东向纵断裂、北西向横断裂及断碎不整合面等（图 4.21）。

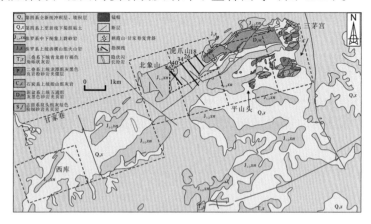

图 4.21　栖霞山铅锌矿矿区简图

（资料来源：孙学娟，2019）

（3）矿床地质特征

①矿体形态：矿体的空间分布、形态、产状受构造控制。矿区共 6
个矿段，大小矿体近 70 个，主矿体 6 个。矿体呈致密块状大透镜体、
脉状体、层状（图 4.22）。

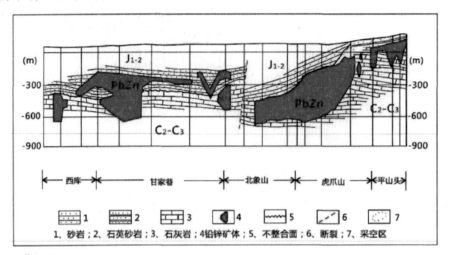

图 4.22　栖霞山铅锌矿床纵剖面示意图

（资料来源：华东地勘局 810 队，1991）

②矿物组成：主要有闪锌矿、方铅矿、黄铁矿，其次是白铁矿、
黄铜矿，并伴有大量银、金等有益组分；非金属矿物有重晶石、萤石、
方解石等。

③矿石结构构造：矿石构造以块状、条带状、角砾状为主，其次
为浸染状、脉状以及网脉状构造等，有时也有层纹状构造；矿石结构
主要为粒状结构、镶嵌结构、交代结构、显微压碎结构等（图 4.23）。

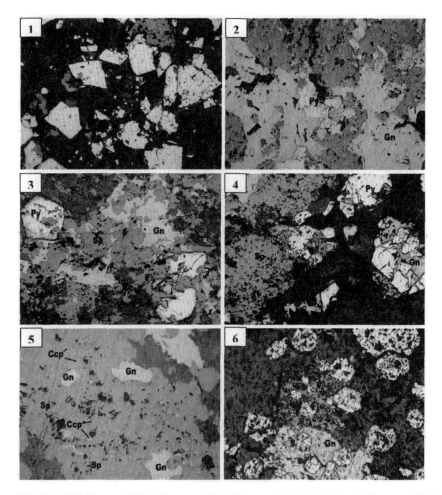

1– 半自形细粒结构；2– 镶嵌结构；3– 交代结构；4– 黄铁矿被方铅矿交代；5– 乳滴状；
6– 包含结构

图 4.23　矿石的主要结构

④矿床形成机制：a.区域构造运动使本区产生深大断裂，磁性基地和盖层同步隆升；b.伴随大规模岩浆侵入，岩浆自西向东迁移，并逐步变为中性；c.随着迁移距离的加大，温度逐渐降低；d.在岩浆完全固结之前，岩浆结晶、分异物中富含 F、Cl，岩浆熔蚀震旦系千枚岩，并与渗流到地下淋滤了矿源层而富含铅、锌、银的卤水汇合，形成以岩浆热液为主体的混合矿热液；e.热液到纵向断裂和不整合面，在合适层

位，主要是石炭系下统－二叠系下统，结晶、沉淀、富集成矿，形成以岩浆热液为主的复式层控矿床。

2. 贵州万山汞矿床

（1）矿床简介：位于贵州玉屏县城东北，面积约 60km²，包括岩山坝、山羊洞、冷风洞、大坪、黑洞子、大小洞、张家湾、杉木董等主要矿床（图 4.24）。

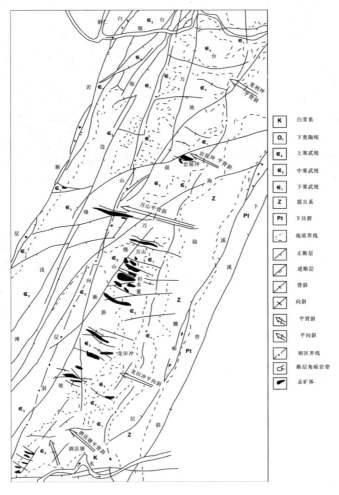

图 4.24　贵州万山汞矿区地质简图

（资料来源：花永丰等，1996）

（2）区域地质概况

①地层：万山汞矿产于中、下寒武统白云岩及石灰岩中，图4.24中的 $\in_1$、$\in_2$、$\in_3$ 为主要容矿层。地层倾向NW，倾角5°～15°。

②构造：湘黔汞矿带受区域性NNE向凤晃背斜控制，万山汞矿位于该背斜的北西翼及轴部附近，并受该背斜翼部次级横向半背斜控制，呈层状、似层状、脉状等形态产出，矿体呈NWW向雁行排列（图4.24）。

（3）矿床地质特征

①矿体特征：万山汞矿床内的矿体，均赋存在最低级的衍生褶曲—断裂构造中，按矿体所在的构造类型可将区内工业矿体划分为三类：一是层间整合型矿体，有整合型矿体和层间破碎带型矿体两类；二是断裂型矿体，指充填于含矿层内各种裂隙和节理中的矿体，呈脉状、层状、似层状，宽10～25m，厚2～10m，最厚20余米，长几百米至上千米，矿石品位中—贫；三是复合型矿体，上述各种矿体往往不是单一出现的，一般为复杂形态的复合型矿体，呈凸透镜状、囊状及其他不规则形状，长数米至70m，宽5～20m，厚1～6m。

②矿物组成：主要为辰砂，有少量黑辰砂、自然汞、灰硒汞矿，共生矿物有辉锑矿、闪锌矿、方铅矿、黄铁矿、雄黄及方解石、白云石、重晶石、萤石、沥青等。富矿石中汞的平均品位达0.1%～0.3%，贫矿石一般为0.04%～0.2%。

③矿石结构构造：矿石结构主要有自形粒状结构、半自形粒状结构、他形粒状结构、包含结构（辰砂与闪锌矿）、镶嵌结构（辰砂与闪锌矿）、交代残余结构等；矿石构造有浸染状、细脉浸染状、角砾状、斑点状、条带状等。

④围岩蚀变：有硅化、方解石化、白云石化、重晶石化、黄铁矿化、闪锌矿化、沥青化等。其中硅化见于较富的矿石，硅化越强则矿石越富，硅化强烈时可形成微石英岩。

⑤测试分析：硫同位素测定结果表明，δS^{34} 为正值，偏离零点较远，35 件样品的平均值为 19.7‰；δS^{34} 的变化范围为 14.1‰～ 26.0‰，其差值一般不超过 12‰；35 件样品的 S^{32}/S^{34} 值平均为 21.79%。矿物包体研究：据均一法测试结果，成矿温度低于 190℃，大部分介于 90℃ 和 130℃ 之间。成矿溶液 NaCl 含量最高可超过 26%，可见 NaCl 子晶。具体结果见表 4.4、表 4.5、表 4.6、表 4.7、表 4.8。

表 4.4　万山汞矿南区地表各分层中某些元素平均含量

主要岩性	样数（个）	元素平均含量（%）				
		Hg	Sb	Zn	As	Cu
中厚层白云岩	200	0.29	0.57	19.55	4.44	4.78
薄层白云岩	254	0.35	0.53	23.1	5.54	5.93
中薄层白云岩	349	0.55	0.50	21.88	5.63	5.8
薄层及厚层白云岩	199	0.55	0.53	48.9	4.20	8.0
薄层灰岩及泥质白云岩	66	0.60	0.7	62.05	6	14.75
白云岩	263	2	0.7	70	3	8.5

表 4.5　东部地区汞在不同岩性中的含量对比表

岩性	样数（个）	频率（%）	平均含量（10^{-6}）
中厚－厚层灰岩	125	9.1	0.22
页岩	99	7.2	0.25
泥灰岩	7	0.5	0.28
中厚－厚层白云岩	228	16.5	0.29
薄层灰岩	595	43.4	0.30
薄层白云岩	319	23.3	0.39
总计	1373	100	—

表4.6 万山矿区地质测温研究结果表

样品编号	矿物名称	产地	被测包体数	充填温度（℃）			
				按均化法		按充填度	
				平均	最小/最大值	平均	最小/最大值
W006	石英	张家湾	1	95	95	—	—
W022	石英	张家湾	1	—	—	111	111
W188	石英	大坪	2	115	115	97	97
W189	石英	大坪	2	90	90	—	—
W208	石英	杉木董	7	142	125～160	149	125～163
W303A	方解石	张家湾	1	113	113	—	—
W338	石英	冲脚	1	133	133	—	—
W3386	石英	冲脚	2	183	183	—	—
W338	方解石	冲脚	2	—	—	120	111～128
W390	石英	黑洞子	5	88	88	105	100～124
W391	石英	黑洞子	3	168	168	169	161～177
W392	石英	大坪	1	—	—	78	78

表4.7 万山汞矿包裹体温度特征

样品编号	矿物名称	产地	均一温度（℃）		
			测定数	温度范围	平均
1	水晶	榨桑坪	5	86～154	119
2	水晶	榨桑坪	3	105～163	144
3	水晶	岩性坪	15	62～154	117
4	水晶	岩性坪	13	116～135	131
5	水晶	清水江	14	109～134	130

表 4.8　万山汞矿水晶包裹体冷冻温度与盐度测定表

样品编号	测定数	冷冻温度（℃）		盐度（相当于 NaCl 的 Wt%）	
		温度范围	平均值	范围	平均值
1	32	−6 ～ −18.5	−13.7	9.7 ～ 21.5	17
2	11	−18.4	−18.4	21.5	21.5
3	22	−33 ～ −7	−4.6	24.7 ～ 25.5	25.1

⑥矿床成矿机制：a. 含矿热液沿 NWW 向构造带裂隙上升，与围岩（碳酸盐岩）发生硅化交代作用形成硅化岩（假象石英集合体）和稀散的浸染状或镶嵌状辰砂矿；b. 由于大规模的硅化，热液中的 SiO_2 大量消耗，与获得的 CaO、MgO、K_2O、Na_2O 等碱性物质进行中和，使热液从酸性向碱性过渡，到了一定的 pH 值，金属矿物析出，形成辰砂 – 石英脉型矿石；c. 从硅化交代带出的 CaO、MgO 等物质，向外围转移，形成碳酸盐化 / 脉型汞矿（如木油厂）。

3. 锡矿山锑矿床

（1）矿床简介：位于湖南省冷水江市东北约 20km 处，发现于明朝嘉靖年间（1541 年），当时人们把锑误认为锡，到 1880 年方知是锑，但"锡矿山"之名却沿用至今。区内锑矿资源丰富，已知有大型锑矿床 3 处、中型 2 处、小型 2 处，矿点 24 处，矿化点 5 处。

（2）区域地质概况

①大地构造位置：矿区位于新华夏系雪峰山隆起带东南侧、湘中凹陷、新华—涟源盆地北端，区内褶皱及断裂构造十分发育。

②地层：区域内地层有板溪群、震旦系、寒武系及志留系等，总厚度达万余米；新华—涟源盆地主要分布石炭系及二叠系，厚约 7000 余米；唯锡矿山地区出露上泥盆统。

③岩浆活动和岩浆岩：侵入体主要为加里东期和燕山期产物（图 4.25）。

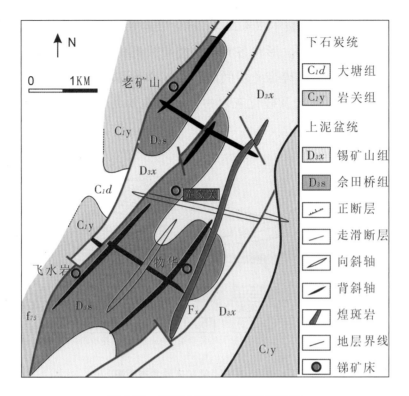

图 4.25 锡矿山锑矿床区域地质略图

（资料来源：彭建堂等，2001）

（3）矿床地质特征

①地层：出露地层主要为上泥盆统、下石炭统的浅海－滨海碳酸盐岩建造，其间夹薄层砂岩、页岩；赋矿地层主要为上泥盆统佘田桥组（D_3s），其次为中泥盆统棋梓桥组（D_2q），容矿岩石主要为灰岩，夹少量粉砂岩、泥质岩。

②构造：褶皱主要为 NNE 向短轴状锡矿山背斜，西翼被 F_{75} 切割破坏，东翼较开阔平缓（倾角约 20°），发育有几个次级短轴背（向）斜。矿区一级断裂有 F_{75} 和 F_x。F_{75} 为矿区西部主干断裂，导致锡矿山复式背斜西翼全遭破坏；F_x 为矿区东部主干断裂，断裂带宽 3～15m，为煌斑岩脉充填。锑矿床夹于上述两断裂之间。此外，矿区还发育有

许多二、三、四级断裂（图 4.26）。硅化破碎带的主要特征是岩石发生破碎、碎块大小不等、形状各异、被硅质或辉锑矿及方解石胶结，可进一步分为似层型破碎带（层间破碎带）和侧带型破碎带。前者主要发育于佘田桥组灰岩及硅化灰岩中，后者主要见于 F_{75} 及其分支断裂下侧。

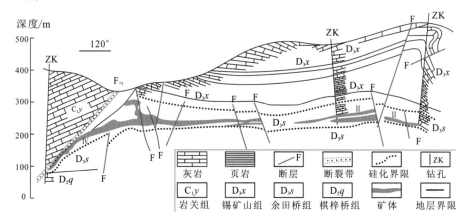

图 4.26　锡矿山锑矿床地质剖面图

（资料来源：陶琰等，2002）

③岩浆岩：在矿区 25km 之外有大量侵入体，在矿区内仅东部有煌斑岩脉（F_x），NNE 向，长 12km，宽 3～15m。其南端临近物华矿段，近矿脉岩有蚀变，SiO_2 含量降低，CaO 含量增加，As、Bi、Sb 值增高。距矿远的脉岩无蚀变，Pb、Zn 含量较高，煌斑岩同位素年龄 119Ma（钾－氩法），为燕山中晚期产物。

④矿体产状、形状、规模：锑矿体赋存于佘田桥组中下段硅化灰岩内，亦受构造控制，呈脉状、扁豆状、囊状、层状、似层状及侧羽状等。Ⅰ号矿体呈层状、似层状，沿背斜轴延长数百米至千余米，一般厚 2.5m，品位高，厚度稳定；Ⅱ号矿体产于 D_3s2-2 中，沿背斜轴延伸数百米至千米，顺翼部延伸数十米至数百米，厚 4～5m，品位较高；Ⅲ号矿体赋存于 D_3s2-1 中，紧靠西部断裂带，长数十米至百余米，厚

2～4m，呈不规则凸镜状或囊状，品位不高。在矿区西部大断裂交会处，裂隙发育，常形成不规则脉状矿体。有的层状矿床与脉状矿体融合，形成厚大的侧羽状或蘑菇状矿体。

⑤矿物组成及结构构造：金属矿物主要为辉锑矿及其氧化物（锑华、黄锑华、水锑钙石、锑石等），偶见黄铁矿；非金属矿物以石英为主，其次为方解石，有少量重晶石、萤石、高岭石、石膏等。辉锑矿呈自形、半自形粒状结构和脉状囊状结构；呈浸染状、块状、网脉状、条带状、晶洞状、晶簇状等构造。辉锑矿单晶从毛发状到长度大于1m的伟晶皆有。

⑥围岩蚀变：有硅化、碳酸盐化、黄铁矿化、黏土化、重晶石化。以硅化最为强烈且与成矿关系密切，其次为碳酸盐化。

⑦分析测试：a. 硫同位素结果表明，辉锑矿 δS^{34} 变化范围为 5.8‰～8.3‰，具明显塔式分布特征。围岩中黄铁矿 δS^{34} 为 14.6‰～34.8‰。辉锑矿 δS^{34} 存在规律性变化，即由深部向浅部逐渐增大，水平方向从南西至北东逐渐增大，距西部主断裂自近而远逐渐增大。b. Co、Ni 含量十分低（0.002％～0.006％），Co/Ni<1。c. 石英中氧同位素 δO^{18} 为 11‰～13‰，经换算，水的 δO^{18} 为 5‰～9‰；d. 包体测温（根据462个辉锑矿、217个方解石、83个石英、5个重晶石、3个萤石等单矿物样品分析资料）表明，矿物中包裹体普遍存在。原生包体气液以两相为主，其次为单相。包体中 NaCl、KCl 含量均小于5％。爆裂频次曲线类型有单峰、双峰和三峰三种形态，反映出成矿具多阶段性。爆裂温度：石英245℃～370℃，方解石305℃～340℃，辉锑矿145℃～305℃，萤石290℃～305℃，重晶石185℃～210℃。主要成矿温度在165℃～275℃，集中在210℃～250℃。成矿温度变化规律为：水平方向上，近西部断裂带温度高，远离低；垂直方向上，自深部至浅部，成矿温度逐渐降低（表4.9）。

表 4.9 飞水岩矿段辉锑矿形成温度与 δS^{34} 值对比表

参数 \ 采样位置	第 13 中段标高 74m	第 11 中段标高 110m	第 9 中段标高 146m	第 7 中段标高 183m
形成温度（平均℃）	211.9	201.4	192.4	185.2
δS^{34} 平均值（‰）	6.24	7.03	7.14	7.30

⑧矿床成矿机制：a. 主要来自深部的成矿热液萃取了基底地层中的成矿物质；b. 含矿热液沿区域断裂通道在垂向上运移，在泥盆系碳酸盐岩处发生水平扩散，同时使碳酸盐岩地层发生热液蚀变；c. 随着热液活动的减弱，围岩蚀变作用逐渐减弱；d. 在成矿热液与碳酸盐岩地层发生反应时，$CaCO_3$ 发生溶解，释放出 Ca^{2+}，产生大量空隙，热液中的 Si 进入这些空隙，形成大量由隐晶质石英组成的硅化灰岩（玉髓）；e. 硅化作用形成了大量硅化灰岩，这些硅化灰岩性脆，极易受到构造作用的影响而产生大量裂隙，促进了 Sb 的沉淀。

4.6.3 实验前准备

复习"层控矿床"章节知识，掌握其成矿特征。

4.6.4 实验过程

1. 读图

（1）区域地质图：找出矿区在图上的位置，观察区域内矿床分布位置。

（2）矿区地质图：观察分析矿体的产出部位、矿体平面形态、矿体分布规律、矿体与围岩的界线等。

（3）地质剖面图：观察矿体在垂直方向上的产状、形状。

2. 判断矿床类型及其主要特征

3. 观察标本

首先，观察手标本，即岩石标本和矿石标本。巩固岩石标本和矿石标本的观察描述知识，观察矿石标本时还要注意区分矿石类型。

其次，镜下观察矿石光片，重点是矿石的结构。

最后，把标本观察与图件观察联系起来，尽可能找出标本在图上的位置，对比不同矿体的产状、形状以及它们矿石结构构造上的差异，分析其成因机制。

4. 整理总结

把对实验资料的观察和分析按教师布置的实习作业要求加以整理，编写实验研究报告书。

4.6.5　实验研究报告书

陈述层控矿床形成的地质条件（时控、层控、构控）在展示的不同矿种中有哪些表现。

4.6.6　思考题

1. 研究层控矿床有什么意义？
2. 对比热液矿床、层控矿床、沉积矿床的一般特征。
3. 阐述层控矿床的概念及分类。

4.7　火山热液矿床

4.7.1　目的要求

（1）理解次火山 - 火山热液矿床的内涵。

（2）懂得陆相与海相次火山 - 火山热液矿床特点及成矿地质条件。

（3）明确此类矿床的找矿前提和找矿标志。

4.7.2 实验资料

1. 德兴斑岩铜矿床

（1）矿床简介：位于赣东北德兴市境内，是我国发现最早、勘探程度较高、地质特征较为典型的一个特大型铜钼矿田。它包括铜厂、富家坞、朱砂红等几个矿床，是我国目前重点建设的铜基地之一。

（2）区域地质概况

①大地构造背景：位于扬子地块东南缘，并靠近华夏地块与扬子地块晚元古代的缝合线（江山—绍兴断裂带）。矿区西北部为与扬子地块拼贴于大别山造山带的华北地块，东南部为形成于中生代的 NE-SE 向赣—杭裂谷，该裂谷叠加于江山—绍兴断裂带上。矿田内有铜厂、富家坞、朱砂红三个大型、超大型斑岩铜矿床（图 4.27）。

②地层：矿区出露的地层为前震旦纪双塔山群第四岩性段下段，为一套浅变质岩，主要为绢云母千枚岩、石英绢云母千枚岩、变质层凝灰岩等（表 4.10）。

③构造：矿区构造主要属东西向构造体系，断裂发育，构造复杂。花岗闪长斑岩沿 NWW 向横张断裂排列。NNE 向压扭性断裂密集带与东西向挤压破碎带复合部位，是岩体的定位所在。

④岩浆活动和岩浆岩：区内花岗闪长斑岩呈 NWW297° 带状断续展布，呈岩株状，出露面积 0.8km²，与围岩呈侵入接触关系。岩体周围有石英闪长玢岩等，并穿插到花岗闪长斑岩中。花岗闪长斑岩主要造岩矿物有斜长石（49%）、石英（21%）、正长石（16%）、普通角闪石（9%）、黑云母（3%），副矿物有磷灰岩、磁铁矿、锆石等。岩石化学特征：属于典型的中酸性钙质岩浆岩（图 4.27）。

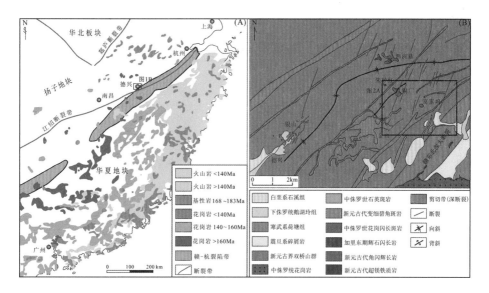

图 4.27 华南地块晚中生代构造及岩浆岩分布简图与德兴矿集区地质简图

（资料来源：肖凡等，2021）

表 4.10 德兴矿区地质简表

界、亚界	系	统	组、段	厚度（m）	岩性
新生界	第四系	全新统	—	1～22	砂、砾、黏土
		更新统	—	19～33	蠕虫状黏土、砾石层
中生界	侏罗系	上统	冷水坞组	1471	砂砾岩、页岩， 产瓣鳃类、介形类、腹足类动物及植物化石
		—	鹅湖岭组	211	火山角砾岩、砂砾岩
		下统	林山组	260	长石石英砂岩、含粗砾砂岩、泥岩， 产植物化石

界、亚界		系	统	组、段		厚度（m）	岩性
古 生 界		寒 武 系	上统	西阳山组		167	泥灰岩、钙质页岩，产三叶虫化石
				华严寺组		106	灰岩夹钙质页岩，产三叶虫化石
			中统	杨柳岗组		404	灰岩、泥灰岩、页岩，产三叶虫化石
			下统	荷塘组		448	板岩、硅质岩、灰岩、白云岩，底部夹高炭质页岩（石煤）产海绵骨针化石
元 古 界	震 旦 亚 界	震 旦 系	上统	西峰寺组		512	炭质硅质岩、粉砂岩、灰岩，底部含碎屑白云岩
			下统	雷公坞组		43	冰砾岩、泥岩
				志堂组	上部	1493	凝灰质绢云板岩、粉砂质板岩，底部夹凝灰岩、安山岩
					下部	1898	变余流纹岩、玄武岩、安山岩、凝灰岩、砂砾岩、千枚岩、板岩
		双 塔 山 群		第四段	上部	1921	凝灰质千枚岩、变余沉凝灰岩、绿泥绢云千枚岩、板岩，局部有层状变余角闪辉石岩
					下部	613	变余粉屑、细屑沉凝灰岩夹灰质千枚岩，千枚岩经铷锶法测定，年龄值为14亿年
				第三段	上部	790	变余凝灰岩、凝灰质千枚岩；产微古植物：多面球孢属 *Plyedrosphaerium Tim*；光面球孢属 *Protolelosphaeridim Tim*；穴面膜片属 *Brocholaminaria*；带藻属 *Taeniatumsin*；植物残属 *Lignum Sin*
					下部	1457	变余粉屑细屑沉凝灰岩，局部夹变余凝灰质含砂砾岩

（3）矿床地质特征

①矿体特征：矿体围绕斑岩体内外接触带呈空心筒状，有1/2～3/4的矿体产在外接触带围岩中。矿体最大外径可达2500m，空心部分直径400～700m，垂直深度大于1000m。一般岩体上部的矿体厚度大（200m以上），延伸、连续性好，产状平缓（约32°～35°）；岩体下部的矿体比较零星，规模较小（图4.28）。

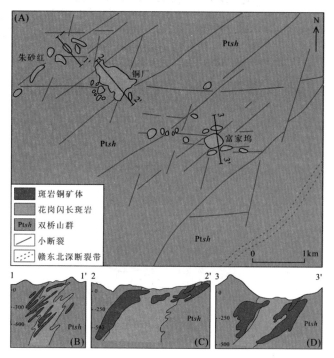

图4.28 德兴矿田地质构造简图及各矿床铜矿体产状形态分布示意图

（资料来源：肖凡等，2021）

②围岩特征：围岩蚀变发育，分带明显。岩浆晚期在自变质作用下形成钾长石、黑云母等钾质矿物。此期蚀变由于后期蚀变叠加，保存很不完整。岩浆期后在热液蚀变作用下形成了大致以接触带为中心，由强而弱对称发育的硅化、绢云母化、水云母化、绿泥石化及碳酸盐化等面型蚀变带（图4.29、图4.30）。矿化与围岩蚀变的关系如下：其

一，矿体主要分布在内外接触带强蚀变带中；其二，矿化强度与硅化、绢云母化、水云母化、绿泥石化、碳酸盐化强度成正消长关系；其三，在有多次交代蚀变及成矿作用叠加的地方，一般形成工业矿体（表4.11）。

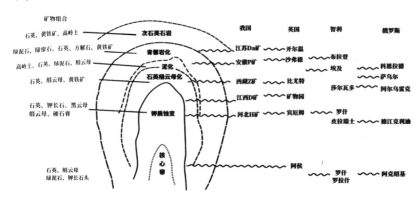

图 4.29 斑岩铜矿蚀变分带

（资料来源：袁见齐，1985）

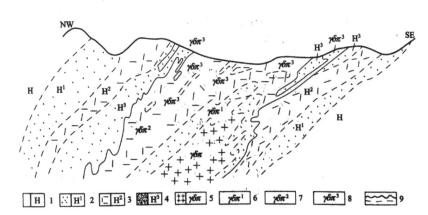

1–浅变质岩；2–浅变质岩的绿泥石–伊利石化带；3–浅变质岩的绿泥石–水白云化带；4–变质岩的石英–绢云母化带；5–花岗闪长斑岩；6–花岗闪长斑岩的绿泥石–伊利石–钾长石化带；7–花岗闪长斑岩的绿泥石–水云母化带；8–花岗闪长斑岩的石英–绢云母化带；9–接触带界线和蚀变分带界线

图 4.30 铜厂斑岩铜矿综合剖面图及空间蚀变分带

（资料来源：袁见齐，1985）

表4.11 围岩蚀变分带特征表

蚀变分带	空间位置	蚀变特征	结构构造	矿化特征
弱蚀变花岗闪长斑岩（γδπ¹）钾石化-绿泥石化-绢云母化带	岩体中深部	钾长石化是标准蚀变类型（铜厂、富家坞），斜长石大部分被绢云母交代，硅化石英小于5%，暗矿物部分泥石化	变余斑状结构，常有斜长石环带构造残存	以星散状黄铁矿为主
中蚀变花岗闪长斑岩（γδπ²）绿泥石化-绢云母化带	γδπ¹与γδπ³间广泛分布	原岩矿物除石英外全部被交代；斜长石主要被绢云母交代（少数绿泥石化），暗矿物全部绿泥石化；硅化、碳酸盐化明显；有含石英、碳酸盐、绿泥石、硬石膏、石膏等的脉体	变余斑状结构，中长石环带、构造已消失	以浸染状、细脉状黄铁矿、黄铜矿为主，并见有辉钼矿，部分为工业矿体
强蚀变花岗闪长斑岩（γδπ³）硅化-绢（白）云母化带	岩体接触带和构造破碎带	岩石强烈褪色（呈灰白-浅灰绿色），硅化石英大于20%，云母变体显著增大，并出现白云母；常形成绢云母或准云英岩；绿泥石化显著减少，暗色矿物被破坏而呈残骸状，多种蚀变叠加	变余斑状结构或花岗变晶结构	
强蚀变花岗闪长斑岩（H²⁺³）硅化-绢（白）云母化带	斑岩体近侧，宽200～300m	硅化较强，绢云母片径增大（部分为白云母），见有石英-钾长石脉；原岩面貌不清，颜色变浅（灰白色），蚀变矿物主要为石英（>20%）、绢云母、白云母，其次为碳酸盐、绿泥石、硬石膏、绿帘石，偶见电气石	微鳞片结构、花岗鳞片变晶结构，片理明显加厚至趋于消失	为工业矿体主要赋存部位
弱蚀变浅变质岩（H¹）绿泥石化-绢云母化带	H²外侧宽300～400m	硅化较弱，硅化石英5%～20%；蚀变作用以沿片理裂隙充填或充填交代为主，常见蚀变残余的残留体，原岩中绢云母片体加大（直径一般小于0.01mm），仍定向排列，绿泥石化以变质沉凝灰岩、角岩和斑点状千枚岩中的斑点物质显示较强	原岩结构构造大部分保存较好，片理有所加厚	细脉状矿化，少部分为工业矿体

③矿物组成：矿石的矿物成分比较复杂，已知有80余种矿物（表

4.11）。矿石结构以细粒他形结构为主，中至粗粒自形、半自形结构较少。交代结构发育，其他如固溶体分离结构、压碎结构亦常见。矿石构造以细脉浸染状为主，细脉状、浸染状构造次之，还有少量团块状、角砾状构造。矿石平均含 Cu0.41% ～ 0.59%、含 Mo0.01% ～ 0.04%、含 Au0.19 ～ 0.75 克 / 吨。

④矿石结构构造：构造以细脉浸染状为主，也呈致密块状、角砾状等；结构以全晶质斑状结构为主。

⑤分析测试：主要矿物生成温度为 175℃ ～ 390℃，其中黄铜矿形成温度为 190℃ ～ 245℃，与成矿有关的石英生成温度为 200℃ ～ 325℃；成矿压力在 150 ～ 200 大气压，相当于 0.4 ～ 0.6km 的深度；硫同位素测定结果 δS^{34} 变化范围为 −4.0‰ ～ 3.1‰，算术平均值为 0.12‰。特点是变化范围窄、绝对值小、具塔式效应、接近陨石硫的均一特征，但与典型的地幔型铜镍硫化物比较，又稍富重硫。

⑥矿床形成机制：a. 富含有用金属组分的大洋壳俯冲到大陆板块之下，并从消失带插入地幔，致使大洋地壳发生部分熔融；b. 熔融作用可从洋底沉积物中释放出大量富含金属的含盐流体；c. 富含金属的含盐流体随同钙碱性岩浆一起上升到地壳浅部；d. 岩浆冷凝结晶，并运移到侵入岩体顶部，通过交代岩体本身或附近围岩而形成斑岩铜矿（图4.31）。矿床原生分带现象明显，围岩蚀变、金属矿化、矿石类型及硫同位素组成等方面，都有很好的分带性，分带特点表现为以斑岩体为中心的环状分带和以斑岩接触带为中心的内外对称分带叠加，后者对矿化尤其重要。

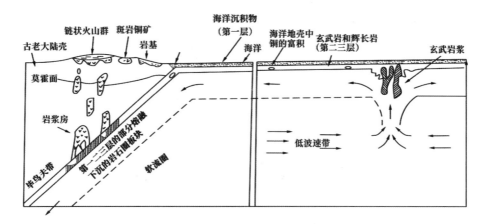

图 4.31 斑岩铜矿床成因的板块构造模式

（资料来源：R.H.Sillitoe，1972）

2.凹山玢岩型铁矿床

（1）矿床简介：位于安徽宁芜矿集区，矿集区内还发育热液脉型（斑岩型）铜、金矿床（点），如铜井铜金矿、大平山铜矿等。

（2）区域地质概况

①大地构造位置：位于长江中下游成矿带东部断凹区，东临方山—小丹阳断裂，西依长江断裂带，南、北分别以芜湖断裂和南京—湖熟断裂为界，是一个继承式的中生代断陷型火山盆地（图4.32）。

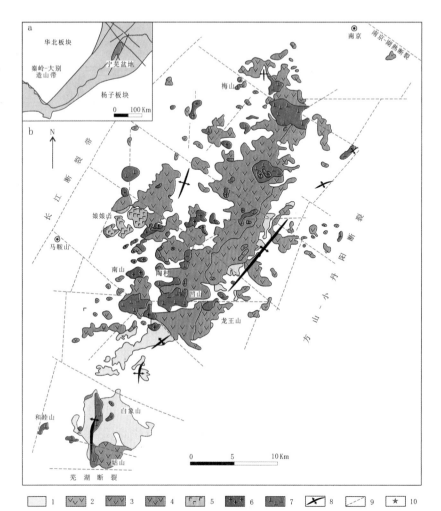

1- 火山岩基底地层； 2- 龙王山火山岩； 3- 大王山火山岩； 4—姑山火山岩； 5- 娘
娘山火山岩； 6- 花岗岩； 7- 闪长玢岩； 8- 背斜； 9- 断裂； 10- 凹山铁矿床

图 4.32　宁芜盆地地质简图

（资料来源：宁芜项目编写小组，1978）

②地层：区内出露地层主要是上侏罗—白垩系大王山组的玄武粗
安质火山岩，包括熔岩、层凝灰岩和层凝灰角砾岩，总厚 400m。岩层
倾斜平缓，裂隙发育，蚀变强烈。

③构造特征：包括南京—湖熟断裂、长江深断裂、方山—小丹阳

断裂和芜湖断裂（图4.32）。

④岩浆活动和岩浆岩：主要与富钠辉长岩、闪长玢岩、辉石安山岩以及粗面岩等次火山岩有关，为白垩纪陆相火山岩，分别为龙王山、大王山、姑山和娘娘山四组火山岩（图4.32）。

（3）矿床地质特征

①含矿岩体特征：含矿岩体是辉长闪长玢岩，产于大王山组中，出露面积7.5km²，形状呈不规则多边形。新鲜辉长闪长玢岩为暗灰色，斑状结构。斑晶是拉长石和中长石（含量为30%～40%）、透辉石（含量为5%～l0%）。基质为细粒斜长石、辉石。副矿物有磷灰石、磁铁矿、榍石和锆英石等。磁铁矿呈微粒均匀浸染分布在基质中，含量一般在3%～5%，致使岩石呈灰黑色。岩体蚀变强烈，大部分已钠长石化、阳起石化、绿帘石化。蚀变辉长闪长玢岩中铁质大部分被带出，岩石变成灰白色。据岩石全岩分析，辉长闪长玢岩和大王山组粗安岩的化学成分相似，V、Ti、P含量较高。主矿体产在辉长闪长玢岩顶部，形态较复杂，在地表略呈NS-SW方向延长的纺锤状，剖面上表现为略向北倾斜和延伸的凸镜状。上部为富矿，下部为贫矿。

②控矿构造特征：控制成矿的构造类型有四种。一是断裂裂隙构造：主要有NNW、NEE、NNE几组，属于区域NNE向深断裂的次级构造，曾多次活动。凹山岩瘤产出在断裂交叉部位。岩体形成之后，断裂又多次活动，在岩瘤上形成复杂的断裂系统。二是边缘冷缩裂隙：产在闪长玢岩边部，主要由密集的层节理及斜节理组成，成群出现，大致平行。三是顶部塌陷角砾岩体。四是隐蔽爆发角砾岩体：在塌陷角砾岩之下，为不规则的囊状体。角砾主要是蚀变的辉长闪长玢岩，多呈棱角状，大小不等，彼此之间有明显的位移，胶结物为磁铁矿、磷灰石、阳起石，与塌陷角砾岩呈过渡和重叠关系。

③矿物组成：矿石中主要金属矿物有磁铁矿、赤铁矿、假象赤铁矿及少量的黄铁矿、黄铜矿；非金属矿物有阳起石（透辉石）、磷灰

石、钠长石、绿泥石、绿帘石、石英等。主要的矿石建造有磷灰石—阳起石（透辉石）—磁铁矿，其次为钠长石—磷灰石—磁铁矿，即所谓凹山式三矿物组合矿石。矿石中以 V、P、Ga 含量高为特征，Ti 含量稍高。

④矿石结构构造：矿石结构有自形、半自形、他形粒状结构，交代结构和伟晶结构等；矿石构造主要有块状构造、角砾状构造、网脉状构造、浸染状构造（图 4.33）。

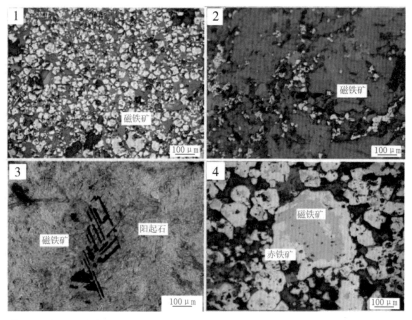

1– 磁铁矿呈自形 – 半自形粒状结构；2– 磁铁矿呈半自形 – 他形粒状结构；3– 磁铁矿沿阳起石选择交代；4– 赤铁矿沿磁铁矿边缘交代

图 4.33　玢岩铁矿床典型的矿石结构

（资料来源：徐益龙等，2019）

⑤围岩蚀变：矿体围岩蚀变大体可分为三个矿化蚀变阶段。

第一阶段，浅色钠长石化、方柱石化，有时少量阳起石、绿帘石和磁铁矿化。这一阶段的矿化蚀变可能与结晶晚期的富含碱质的残浆活动有关。

第二阶段，深色阳起石（透辉石）—钠长石—磷灰石—磁铁矿化（形成主要铁矿体），有时有绿帘石和碳酸盐。此阶段钠长石化既普遍又强烈，经常叠加在早期钠长石化带之上，明显表现出气成热液矿化的特征。

第三阶段为浅色蚀变，表现为泥化、硅化、硬石膏化、明矾石化、碳酸盐化。有几段有强烈的黄铁矿化（常伴随绿泥石化）。在浅色蚀变带下部和磁铁矿体的上部，经常有矿体产出。

在空间上，蚀变的垂直分带明显，从上而下如下所述。

上部浅色蚀变带：泥化、硅化、明矾石化、黄铁矿化。

中部浅色蚀变带：阳起石化、钠长石化、磷灰石化和磁铁矿化，为主要矿化带。

下部浅色蚀变带：钠长石化、方柱石化、硬石膏化。

以和睦铁矿23—24勘探线的井下 –300m 中段为例，总体上由岩体到地层方向表现为钠长石化闪长岩浅色蚀变岩—富阳起石矿化深色蚀变岩—阳起石—金云母—磷灰石—磁铁矿石—富金云母矿化深色蚀变岩—白云质大理岩，成矿过程显示较完整（图 4.34）。

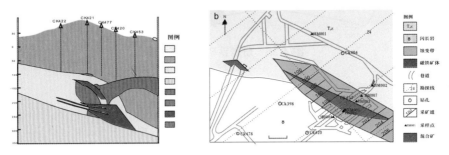

图 4.34 和睦山矿区井下 –300m 中段空间位置图

（资料来源：徐益龙等，2019）

⑥矿床形成机制：a. 早期发生强烈的钠长石化，钠长石化对围岩中的铁具有活化、转移及富集的作用；b. 在岩浆冷却过程中，由结晶分异及缓慢的接触交代可形成晚期岩浆到高温气液交代式矿床（陶林式）；

c.后期铁大量析出，气成作用加强，气液温度骤然升高，它会迅速冲入岩体甚至围岩裂隙中，形成伟晶高温气液交代–充填式矿床（凹山式）；d.伴随着成矿温度的下降，水热溶液作用增强，类青磐岩化增强，水热溶液成分发生变化，磁铁矿化转化为黄铁矿化，加之 SO_2、CO_2 等作用加强，进一步形成黄铁矿的富集（图 4.35）。

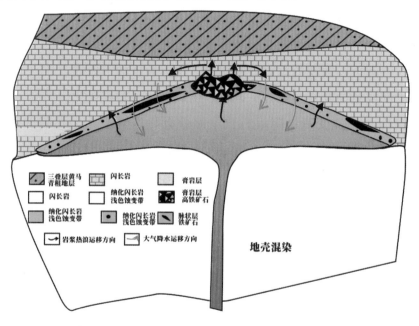

图 4.35　玢岩铁矿成矿模式图

（资料来源：徐益龙等，2019）

4.7.3　实验前准备

（1）复习"火山热液矿床"相关章节。

（2）掌握围岩蚀变分带特征。

4.7.4　实验过程

1.读图

（1）区域地质图：找出矿区在图上的位置，观察区域内矿床分布位置。

（2）矿区地质图：观察分析矿体的产出部位、矿体平面形态、矿体分布规律、岩体的分布情况及类型，掌握矿床的成矿地质条件。

（3）地质剖面图：观察矿体在垂直方向上的产状、形状，岩体、矿体、岩脉之间的穿插关系，围岩蚀变发育情况，分析围岩蚀变与矿化的关系。

2.判断矿床类型及其主要特征

3.观察标本

首先，观察手标本，即岩石标本和矿石标本。巩固岩石标本和矿石标本的观察描述知识，观察矿石标本时还要注意区分矿石类型。

其次，镜下观察矿石光片，重点是矿石的结构。

最后，把标本观察与图件观察联系起来，尽可能找出标本在图上的位置，对比不同矿体的产状、形状以及它们矿石结构构造上的差异，分析其成因。

4.整理总结

把对实验资料的观察和分析按教师布置的实习作业要求加以整理，编写实验研究报告书。

4.7.5　实验研究报告书

比较陆相和海相火山－次火山热液矿床的异同，试总结成矿作用的特点，阐述斑岩铜矿床的成矿过程。

4.7.6　思考题

1. 按火山矿床的分类要求，本实习单元的两个典型矿床是哪一类的火山矿床？

2. 斑岩铜矿的蚀变分带模式及其实际意义如何？

4.8 沉积矿床

4.8.1 目的要求

（1）理解沉积矿床的多种沉积物的运移形式。

（2）熟悉四种沉积矿床的形成环境。

（3）掌握铁、锰、铝、磷沉积矿床的特点及形成条件。

4.8.2 实验资料

1. 庞家堡铁矿床

（1）矿床简介：位于河北省张家口宣化城区东部花家梁村东至李寺山村庄一带，隶属庞家堡镇管辖，铁矿石资源目前均已采完，矿山早已闭坑。河北省地矿局第三地质大队于 2012—2015 年度在该矿区开展了地质普查工作，估算铁矿矿石量达 13524.41 千吨，是"宣龙式"铁矿的典型代表。

（2）区域地质概况

①大地构造位置：位于燕山凹陷带西部的宣龙凹陷内，其北部边界与内蒙古地轴南缘相邻，西南侧与五台台隆相接（图 4.36）。

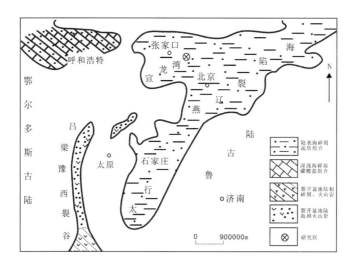

图 4.36　华北长城期古地理图

（资料来源：王鸿祯等，1985）

②地层：主要有上太古界的桑干群、中元古界的长城系、蓟县系和新元古界的青白口系、中生界侏罗系及新生界第四系。

太古宇地层为桑干群（Arsg）变质岩系地层，出露于研究区的西北部和东南部，是区域内古老的结晶基底，为一套经中深－深级区域变质作用的各种麻粒岩，夹角闪斜长片麻岩、透镜状和似层状不纯大理岩和磁铁石英岩。岩石普遍受强烈混合岩化作用，广泛形成条带状混合岩、条痕混合岩、斑状混合岩和均质混合岩。

元古界地层与太古宇地层呈角度不整合接触，主要为长城系和蓟县系地层。长城系地层由常州沟组、串岭沟组、团山子组、大红峪组及高于庄地层组成，广泛出露于研究区的中部和东北部，其中串岭沟组地层是"宣龙式"铁矿的赋矿层位。蓟县系地层主要为杨庄组、雾迷山组地层，未见洪水庄组和铁岭组地层，出露于研究区中部，翻盖在长城系地层之上。它为一套滨海－浅海相沉积岩系，主要有页岩、砂岩、白云岩等。

中生界出露地层主要为侏罗系地层，包括下花园组、九龙山组、鬐髻山组、后城组、白旗组和张家口组地层。下花园组（J_1mnh^b）地层为一套湖沼相含煤砂页岩建造，岩性以砂岩、炭质页岩、泥岩为主，该组地层为区域内主要含煤地层；九龙山组（J_2ch^a）地层为一套河流相砂砾岩建造，岩性为紫红、灰绿色砂砾岩、砂质页岩及凝灰角砾岩；鬐髻山组（J_2ch^b）地层为一套喷出相中性熔岩，岩性以安山岩、安山集块岩、安山角砾岩为主；后城组（J_2ch^c）地层为一套河、湖相红色砂砾岩建造，岩性为砾岩、凝灰质砾岩、粗山岩、砂砾岩等；白旗组（J_3dn^a）地层为一套喷出相中性、中碱性熔岩－碎屑岩，岩性主要为凝灰质粉砂岩、凝灰角砾岩、安山岩；张家口组（J_3dn^b）地层为一套喷出爆发相酸性熔岩、灰流凝灰岩，岩性为凝灰质中－粗粒砂岩、流纹质凝灰岩、粗面岩、流纹岩等。

新生界地层在研究区域内广泛分布，全区覆盖率 50% 以上。主要为第四系的上更新统、全新－上更新统和全新统地层。上更新统（Q_3）主要为土黄色黄土状亚砂土、含砾亚砂土夹砂砾石层；全新－上更新统（Q_{3-4}）主要由砂砾石和亚砂土组成；全新统（Q_4）主要为冲洪积物，多见于现代河床沟谷之中，由砂砾石、砂、砂土和含砂淤泥等组成。

长城系各组地层之间为连续沉积，且其厚度在宣龙凹陷中有显著变化（表 4.12）。不同时代、不同地点其含矿规模有所不同（表 4.13）。

表 4.12　长城系各组地层厚度表（单位：m）

地点地层	龙泉寺	烟筒山	庞家堡	黄草梁	辛窑	大岭堡
团山子组	114	174	180	198	225	235
串岭沟组	13	45	62	64	80	91
常州沟组	24	150	170	174	208	255

表 4.13　宣龙区北部不同地段矿层厚度表

地点项目	龙泉寺	烟筒山	庞家堡	黄草梁	辛窑	大岭堡
含矿厚度（m）	10	20	22	36	41	44
含矿层厚度（m）	0.6～3.3	5.7	5.5	5.9	5.0	5.6
铁矿层层数	1	3	4	4	3	3
铁矿层总厚度（m）	0～1.5	3.9	3.5	3.5	3.0	3.4

③构造：区域内褶皱、断裂构造较为发育。褶皱构造分布于研究区中北部，总体呈北东向背向斜构造，褶皱性质由北向南逐渐变得宽阔、和缓，地层倾角逐渐变小。分布于研究区南部的地层总体呈轴向北东 – 南西向的复式向斜构造，其内又发育多个次级背斜、向斜构造。断裂构造以北西向、北东向和近南北向为主，主要由正断层和逆断层组成。

④岩浆活动和岩浆岩：区域内岩浆活动较为强烈，时代以燕山期为主。研究区内侵入岩体多呈岩脉、岩株状产出。在燕山期早期侵入的岩体岩性主要有基性的二辉辉长岩、碱性正长斑岩和中酸性的花岗岩。在燕山期晚期侵入的主要为中酸性的石英闪长岩和钾长花岗岩。

（3）矿床地质特征

①矿体特征：矿体呈层状，分布稳定，走向 NE60°～70°，倾向 ES，倾角 30°，沿走向长 12km，沿倾向宽 2km。有三层矿，自上而下分别如下。

第一层矿：鲕状赤铁矿。分布稳定，厚度变化小，品位高，平均厚 1.77m，最大厚度 5.38m，最小厚度 0.18m。顶部有菱铁矿层（0 层），与赤铁矿呈过渡关系。

第二层矿：鲕状赤铁矿为主，偶夹肾状赤铁矿。平均厚 1.27m，最大厚度 2.96m，最小厚度 0.26m，厚度变化虽不大，但品位低，需选矿。

第三层矿：肾状赤铁矿为主，偶夹鲕状赤铁矿。分布不稳定，厚度较小，平均厚 0.82m，有夹灭现象。

图 4.37 直观地展示了庞家堡铁矿床含铁岩系层序。图 4.38 为该矿第 7 排勘探线地质剖面图。

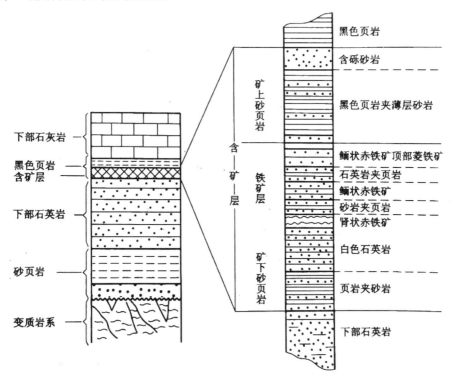

图 4.37　庞家堡铁矿床含铁岩系层序剖面图

（资料来源：袁见齐等，1985）

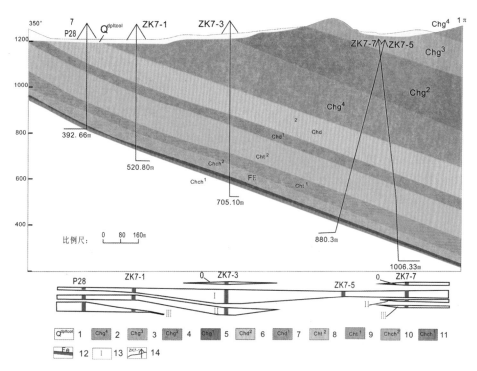

1- 第四系坡洪积及风积物；2- 高于庄组四段中厚 - 薄板状白云岩；3- 高于庄组三段
泥质白云岩和灰质白云岩；4- 高于庄组二段含锰砂质白云岩；5- 高于庄组一段泥质
白云岩；6- 大红峪组二段石英状砂岩及长石石英砂岩；7- 大红峪组一段含燧石玛瑙
石英状砂岩；8- 团山子组二段含粉砂燧石条带白云岩；9- 团山子组一段含铁白云岩
及粉砂白云岩；10- 串岭沟组二段粉砂质页岩；11- 串岭沟组一段含铁砂岩；12- 含
铁矿带及铁矿层；13- 矿体编号；14- 施工钻孔及编号

图 4.38 庞家堡铁矿第 7 排勘探线地质剖面图

（资料来源：梁永生，2019）

②构造特征：矿区为一单斜构造。地层走向大致平行于褶皱轴，
西部走向近东西，向东走向变为 NE60°，倾向南东，倾角由此向南
逐渐变小（由 40° 至 20°）。区内有正断层和逆断层两组，前者对矿
床东部破坏较大，使矿层呈阶梯状排列。在 4km 范围内，矿层由标高
900m 递降到 600m（图 4.39）。

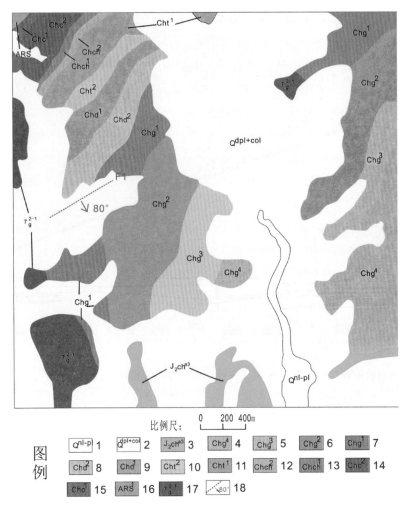

1– 第四系冲洪积物；2– 第四系坡洪积及风积物；3– 九龙山组三段泥质粉砂岩；4– 高
  于庄组四段中厚－薄板状白云岩；5– 高于庄组三段泥质白云岩和灰质白云岩；6– 高
  于庄组二段含锰砂质白云岩；7– 高于庄组一段泥质白云岩；8– 大红峪组二段石英状
  砂岩及长石石英砂岩；9– 大红峪组一段含燧石玛瑙石英状砂岩；10– 团山子组二段含
  粉砂燧石条带白云岩；11– 团山子组一段含铁白云岩及粉砂白云岩；12– 串岭沟组二
  段粉砂质页岩；13– 串岭沟组一段含铁砂岩；14– 常州沟组二段石英岩；15– 常州沟
  组一段砂页岩；16– 太古宇桑干群变质岩；17– 燕山期花岗岩；18– 推测正断层

图 4.39　庞家堡铁矿床地质图

（资料来源：梁永生，2019）

③矿物组成：矿石有赤铁矿矿石、菱铁矿矿石、褐铁矿矿石及磁铁矿矿石（受岩浆侵入影响，赤铁矿变为磁铁矿）。矿石中矿石矿物主要为磁铁矿，含量在 30% ～ 40%；脉石矿物主要是石英，其次为阳起石、绿泥石等。

④矿石结构构造：结构主要为变余鲕状砂岩结构；构造以鲕状、肾状构造为主，尚有豆状、块状构造和少量角砾状构造。具体表现为鲕状赤铁矿为单个同心圆状鲕粒的集合体。鲕粒直径一般为 0.59 ～ 1.65mm，鲕核为单独或聚集的石英颗粒，亦有是长石、绿泥石或磷灰石碎屑的。鲕核之外有多层同心层，成分主要是赤铁矿和菱铁矿，鲕粒之间胶结物多为碳酸盐，且含有石英颗粒，鲕粒加大则呈豆状构造，如图 4.40（a）。肾状赤铁矿为单个管状或钟乳状叠锥的集合体，顶部突起，底面呈凹坑状，如图 4.40（b）。叠锥之间充填有石英颗粒和鲕粒并为菱铁矿或赤铁矿所胶结。块状赤铁矿为细粒赤铁矿与石英或菱铁矿互层。角砾状的矿石为块状矿石沉积时在强烈动荡环境下遭受破坏再经胶结而成。

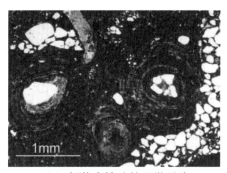

（a）鲕状赤铁矿的显微照片　　　　（b）肾状赤铁矿的野外照片

图 4.40　赤铁矿野外及显微照片

（资料来源：李志红等，2011）

⑤矿石品位：平均含全铁 45%，其中造渣组分 SiO_2 含量为 15% ～ 20%，AlO_3 含量小于 0.4%，MgO 为 1.5%，CaO 为 0.5%，TiO_2 为 0.1% ～ 5%，有害杂质 P 含量为 0.15% ～ 0.2%；S 为

0.05%～0.06%，属酸性矿石。

⑥矿床形成机制：a.以古陆遭受风化剥蚀为主，长时间作用形成一系列陆源风化物质；b.持续温暖潮湿的气候为地表水和海盆地表层水体提供充足的有机质和腐殖酸，为迁移起到保护作用；c.准平原地区地形平坦，地表水流缓慢，冲刷力弱，风化物质以悬浮物和胶体形式迁移，并在长距离迁移中成矿物质能得到较彻底的分离和富集，形成较纯矿层；d.目前矿床成因有胶体化学沉积说和细悬浮物沉积说，虽不统一，但富铁的矿物相主要有四种（图4.41）。

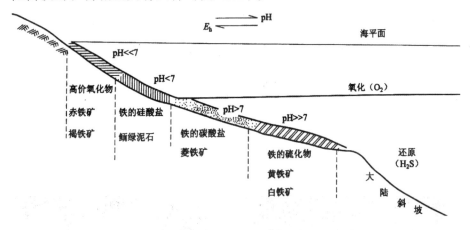

图4.41　沉积铁矿床铁矿物相示意图

（资料来源：袁见齐等，1985）

2.黔中铝土矿

（1）矿床简介：贵州铝土矿资源蕴藏量位居全国第二，是我国重要的铝土矿资源基地之一。其中黔中铝土矿资源储量丰富，位于"黔中隆起"成矿带上，此矿带南起贵阳至清镇一线及凯里—黄平，向北经修文、息烽、开阳等地，长约370km。其中78%的铝土矿分布在修文、清镇地区，铝土矿品质较好，已开发利用时间较长，矿石类型主要是一水硬铝石型，常含有 Fe_2O_3、SiO_2、TiO_2 等物质。矿床为沉积型，先后开发了云雾、小山坝、高仓等20多个铝土矿床。

（2）区域地质概况

①大地构造位置：位于扬子准地台贵州北部背斜的贵阳复杂构造变形带，经历多次构造运动，主构造方向为北北东—南北向（图4.42）。

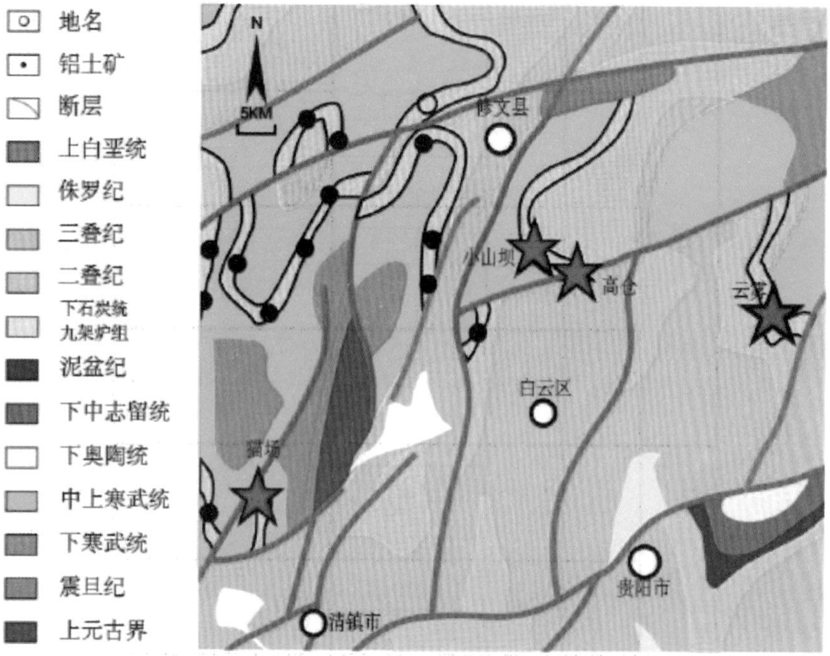

图 4.42　黔中铝土矿区域地质简图

（资料来源：Ling，2020）

②地层：上寒武统娄山关组白云岩上，上覆单元属于下石炭统上司组或摆佐组、下二叠统梁山组或中二叠统栖霞组灰岩、页岩。以小山坝矿区为例，具体岩性特征及层位厚度如表4.14所示。

表 4.14 小山坝矿区地层岩性特征及层位厚度表

（资料来源：张玉松，2021）

地层时代	地层名称	厚度(m)	柱状图	岩石性质
第四系	Q	0~9.10		碎石和黏土
二叠系中统	P_2m	50		灰岩，含少量燧石团块，局部含白云岩
	P_2q	10.0~41.83		灰岩，局部夹黏土岩和燧石
	P_2l	3~34.03	Al	上部黏土岩，下部为黏土岩含铝质
石炭系下统	C_2b	1.36~20.85		灰色白云质页岩，时有灰色黏土岩
	C_2jj	0~10.04	Al Al	黏土岩、铝质黏土岩、铝土矿
寒武系中上统	$E_{2-3}is$	>400		白云岩

（3）矿床地质特征

①地层：以修文小山坝为例，出露地层有寒武系、石炭系。其中含矿层为九架炉组（C_1jj），赋存于石炭系下统摆佐组（C_1b）的最下一层炭质页岩之下，寒武系中上统娄山关组（$\in_{2-3}ls$）白云岩古岩溶侵蚀面之上。该矿床岩性特征及层位厚度具体见表 4.15。

表 4.15　小山坝矿床地层岩性特征及层位厚度表

（资料来源：张玉松，2021）

地层时代	厚度(m)	柱状图	岩石性质
C_1b			灰色白云质页岩，时有灰色黏土岩
C_2jj	<1		铝质黏土岩
	0.8-1.5		铝土矿层（体）
	1.5		杂色铝质岩
	1		杂色黏土岩
	<1		铁矿层，常缺失
	<0.5		铁质黏土岩
$E_{2-3}is$			白云岩

②矿物组成：主要为一水硬铝石、勃姆石、高岭石、伊利石和锐钛矿等，并部分含有少量赤铁矿、黄铁矿等。

③矿石结构构造：矿石结构主要有他形粒状结构、半自形－自形晶结构、隐晶质结构，此外还有胶状结构及交代残余结构；矿石构造主要有土状构造、碎屑状构造、致密状构造等。

④铝质岩的物质组成特征。铝质岩通常呈致密块状、少量为鲕状集合体。黔中地区铝质岩主要含有高岭石、一水硬铝石、勃姆石、锐钛矿和伊利石等矿物。其中一水硬铝石大部分以微粒凝结呈胶状、短柱状，少量呈细鳞片状等，黏土矿物以高岭石为主，多呈层状、片状和细粒状，一水硬铝石存在交代高岭石，二者胶结混杂在一起。铝质岩矿石的化学组分较简单，主要由 Al_2O_3、SiO_2、TiO_2 和烧失量（LOI 1000）组成，这四项含量之和较稳定且均大于95%。Al_2O_3 含量为 42.78% ～ 53.98%，平均为 49.50%；SiO_2 含量为 25.09% ～ 38.99%，平均为 31.45%。铝质岩中明显富集的微量元素有 As、Cr、Mo、Nb、Ni、Pb、Ti、U、V 和 W；显著亏损的微量元素有 Ba、Mn 和 Zn。Co、Cu、Pb 和 Sr 则表现为在不同取样地点分别发生富集和亏损。铝质岩中稀土元素具有整体富集的特征，且分异程度较大，轻稀土更富集，另外表现为微弱铈的负异常和明显铕的负异常。

⑤铝土铁质岩系基底岩层的古地理演变。演变过程可划分为三个阶段。

第一阶段，太康运动前的寒武纪至中奥陶世。古地理格局大致呈北西—南东向的变化特点，即从北西至南东由浅水台地向深水盆地形成海水由浅变深的特点。在早寒武世牛蹄塘期、明心寺期、金顶山期，以陆源碎屑浅海陆架沉积体系为特征，自北西至南东由滨岸相、过渡相到陆栅相及盆地相；早寒武世清虚洞期至中、晚寒武世以碳酸盐台地沉积体系为特征，自北西至南东由碳酸盐台地沉积经台地边缘礁滩相至斜坡相及陆栅相、盆地相；早奥陶世桐梓期及红花园期也以一个碳酸盐台地沉积体系为特征。虽然寒武纪末期因地壳抬升而存在一个沉积间断，但未改变贵州之古地理格局，自北西至南东由碳酸盐台地沉积体系经台地边缘礁滩到斜坡—陆栅—盆地沉积体系；早奥陶世湄潭期又以一个浅海陆架沉积体系为特征，自北西至南东由滨岸相、浅海陆栅相、浅海边缘隆起相到斜坡—陆栅—盆地沉积体系；中奥陶世也以碳酸盐台地沉积体系为特征，也是自北西向南东由台地沉积体系—台地边缘相至斜坡—陆棚—盆地沉积体系，只不过在该时期的碳酸盐台地边缘斜坡以一个缓坡为特征。这一阶段的古地理特征充分说明，从寒武纪至中奥陶世在贵州境内为一统一的古海域环境。

第二阶段，太康运动与加里东运动之间的晚奥陶世至志留纪。晚奥陶世至早志留世龙马溪期，海域局限于余庆、遵义、金沙、毕节一线至贵州北部。早志留世石牛栏期及韩家店期海水由黔北经施秉、黄平一带进入贵州南部的贵阳、贵定、都匀、凯里一带，石牛栏期施秉一带的入潮口相泥砾灰岩及韩家店期施秉、黄平、凯里一带的潮汐三角洲砂体均充分地说明了此地在该地质时期是联结黔北海域和黔南海域的通道口。据此，地史上习称的黔中古陆才真正显示出来。这为贵州早石炭世铝土铁质岩系的最终形成奠定了地质背景基础。到中、晚志留世，由于加里东运动形成的地壳抬升，海域只局限于黔东北的印江、松桃一带，贵州其他地域均为一片古陆。也就是说，铝土铁质岩系分布的黔中地区在晚奥陶世至志留纪均为古陆，在晚奥陶世至早志留世龙马溪期属滇黔桂古陆的一部分，在石牛栏期及韩家店期为黔中古陆，在中、晚志留世与滇黔桂古陆及上扬子古陆连成一片。

第三阶段，加里东运动后的泥盆纪及石炭纪初期。加里东运动以后的泥盆纪和石炭纪属加里东运动造成的地壳抬升后的地壳下沉期。在该地质历史时期，以前贵州早古生代的古地理格局发生改变，贵州呈现出南海北陆的特点。在泥盆纪，贵阳、施秉一线之北属上扬子古陆。石炭纪初期，海水有向北海侵入之势，黔中地区的修文、清镇一带属滨岸沼泽相。因此，这一阶段的特点是铝土铁质岩系分布的清镇、修文至遵义一带在泥盆纪时均为古陆，隶属于地史上习称的上扬子古陆的一部分。但在早石炭世早期，海水已漫及清镇、修文一带（属面状海岸的一部分——滨岸沼泽相），到早石炭世德坞期，海水已真正进入清镇、修文一带。

⑥铝土铁质岩系的古地貌特征。

溶蚀盆地相当于大塘组的古风化壳、沉积覆盖层的底界面，大面积下凹至寒武系碳酸盐岩层中，并与其周围可分割成封闭或半封闭的溶蚀盆地，是古喀斯特化的一个大型地貌个体形态。溶蚀盆地常不规则，中心深度一般为 5～22m，盆底平坦或不平坦，起伏幅度为 1～10m，常残存有锥形孤立的溶蚀凸起，即溶锥或溶丘。实际上，某些溶锥或溶丘可由盆地拔起，直插盆面，使整个含铝岩系均缺失。贵州的铝土矿床主要产于这种大型的溶蚀盆地中。例如，清镇县城（今清镇市）以北，南起魏家寨、林歹和李家冲之间，北至燕龙 7 号露天采场北端，即为一个长 7km、宽 1km 的溶蚀盆地，在寒武系石冷水组泥晶白云岩和娄山关白云岩之上覆盖铝土铁质岩系，在其四周（至少南北两端）可直接观察到该岩系迅速消失。盆地中心实测厚度 20.8m。该溶蚀盆地呈近南北向的长浑圆状，北端边界自然坡度为 60°，古高差 12.8m，并与其北部再现的含铝岩系分割，南端边界不明显，仅以密集的溶丘群所隔，为一半封闭型且向南或西南方向开口的溶蚀盆地。风化作用为铝土铁质岩系的形成提供了丰富的物质来源，而溶蚀盆地是该岩系聚集和保存的有利场所，同时也是大、中型铝土矿床形成的最佳场所。类似的溶蚀盆地还有很多，如猫场矿区将军岩矿段、红花寨矿段和白浪坝矿段的溶蚀盆地，再如修文小山坝、清镇卫城与破岩等。

溶蚀洼地类似于溶蚀盆地，但规模较小，面积约为 0.5～5km²，中心深度 5～10m。它与溶蚀盆地没有严格区别，几个紧密排列的溶蚀洼地可构成一个组合性溶蚀盆地，这在修文、清镇（图 4.43）一带更为显著。在遵义、息烽一带，则有较多的溶蚀洼地孤立地下切至不平整的侵蚀基准面以下，如息烽天台寺、水头寨，遵义苟江、后槽、仙人岩等。洼里又通常发育漏斗，即洼中斗，溶蚀较深。溶蚀洼地里的铝土铁质岩系及其共生的铝土矿床在质量、数量上均不及溶蚀盆地，而且变化较大，但它也是铝土铁质岩系及铝土矿床的较重要的聚集场所。

还有溶蚀坑、溶蚀漏斗、峰丛和峰林、溶丘和溶脊等古喀斯特地貌。

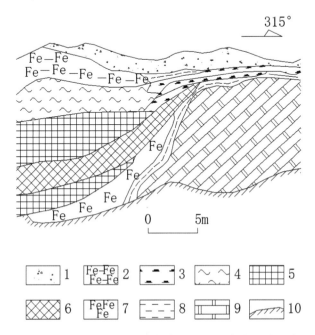

1– 第四系浮土层；2– 铁质黏土层；3– 碳质黏土；4– 高岭石黏土岩；5– 铝土矿；
6– 含黏土铝土矿；7– 铁矿层；8– 黄色黏土；9– 白云岩；10– 露天开采台阶

图 4.43　清镇燕垄 7 号露天开采场素描图

（资料来源：张玉松，2021）

⑦铝土铁质岩系的沉积特征。铝土铁质岩系是在陆壳较稳定时期、大陆平原环境及湿热气候条件下，由于发育良好的化学风化壳作用而形成的岩石共生组合。贵州早石炭世铝土铁质岩系的沉积层序表现为风化壳—铁矿或含铁页岩—铝土矿或高岭石质铝土页岩—煤或炭质页岩，上部为灰岩或白云岩，也是一个以先前碳酸盐岩石为基底，经过长时期风化作用后，再经海侵作用而形成的风化壳物质组合。也就是说，该套铝土铁质岩系是由风化作用的产物在水体中聚集而形成的。

这主要表现在以下三个方面。

第一，不管是修文、清镇还是遵义苟江、后槽的铝土铁质岩系中的铝土矿层中，均发育大量的机械沉积作用标志，如水平纹层、波状交错层理、冲刷面、粒序层及内碎屑缩聚层等沉积构造。这充分说明了铝土矿是水体胶体化学沉积作用与机械沉积作用的产物。

第二，铝土矿的矿石类型一般分为碎屑状、致密状及土状，致密状及土状铝土矿均为泥晶铝土矿，属宁静水体环境的产物，只不过土状铝土矿遭受表生风化更强烈些。而碎屑状铝土矿有两种类型：一种是鲕状铝土矿，其鲕粒属成岩作用形成，故这种类型的颗粒——鲕粒代表其沉积环境为高能环境；一种是内碎屑铝土矿，其沉积颗粒为铝质内碎屑（可以同灰岩中的内碎屑相比拟），大小多在 0.1～2mm，最大可达 10mm，磨圆度中等至差，分选性不好，多呈次圆状及次棱角状，胶结物为铝土质泥晶胶结物，虽属退化结构但它是高能搅动环境的产物。也就是说，铝土矿多为静水环境的产物，但也发育并存在短暂的高能环境。

第三，碎屑状（内碎屑型）铝土矿的分布产出特征表明它属于短暂剧烈的动荡水体环境的产物，以透镜体形式分布于泥晶铝土矿之间。从沉积特征上分析，该沉积序列由冲刷面、内碎屑层（具正粒序层理，有时不清晰）、交错纹层构成，属于较典型的风暴沉积序列。这表明铝土矿形成的宁静水环境由于风暴作用也发生过多次的变化，即出现过多次短暂而强烈动荡的水体环境，从而发育在横向上多呈透镜体产出的数层泥晶内碎屑铝土矿。

⑧铝土铁质岩系的沉积环境。贵州早石炭世铝土铁质岩系的沉积基底为一特殊的古喀斯特地貌。从古地貌特征上讲，可划分出五个一级古地貌单元：黔北侵蚀丘地、黔北溶蚀洼地（包括遵义峰丛洼地、息峰峰林洼地、贵定侵蚀丘地三个次级古地貌单元及若干溶坑、溶洼）、黔中准平原（包括修文溶蚀平原、平坝侵蚀丘地两个次级古地貌

单元，并划分出若干溶盆、溶洼）、黔南堆积平原及黔桂海域。这是太康运动（都匀运动）及加里东运动（广西运动）所造成的地壳断块式差异抬升所形成的早古生代地层与晚古生代地层间的不整合面底盘的古地貌形态。分析有关铝土铁质岩系基底的古地理、古地貌特征及其沉积特征，认为贵州铝土铁质岩系形成时的沉积环境大致分为滨岸泻湖洼地及内陆泻湖洼地两个沉积单元（图4.44）。

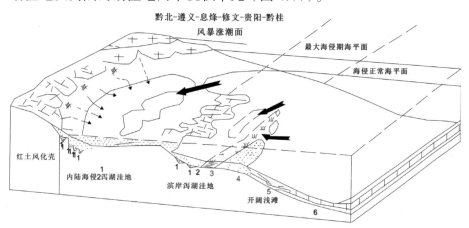

1– 赤铁矿、菱铁矿、黄铁矿及铁质页岩；2– 铝土矿及铝质岩；3– 滨外浅滩沉积；
4– 沼泽沉积；5– 浅海碎屑沉积；6– 浅海碳酸盐沉积

图 4.44 铝土铁质岩系沉积模式图

（资料来源：袁见齐等，1985）

滨岸泻湖洼地相，主要分布于靠近海域的修文、清镇一带。主要的大、中型铝土矿床及习称的"清镇式铁矿"均产自该相之铝土铁质岩系中。其水体环境为宁静环境，时而受到强烈的风暴作用而出现短暂的高能动荡环境。由于海水不是连续供应而主要以淡水为主，故属淡化泻湖水体。到晚期，当泻湖洼地水体被风化产物充填后逐渐变为沼泽相的炭质页岩，局部地方直接由摆佐组海相灰岩覆盖，这种特殊的沉积组合是经过长时间风化作用的产物再经海侵作用而形成的。当然，风化作用产物聚集在这种特殊的水体中，既有胶体化学沉淀作用，也具有机械沉积作用，同时也存在生物化学沉积作用。为什么铁质段总是产于铝土铁质岩系的底部呢？一般认为形成于这种淡化泻湖水体中的风化壳，Fe、Al、Si元素溶解的pH值不同，Fe_2O_3只有在强酸中才能溶解，故最先沉淀，而Al_2O_3则在pH值为中性时才大部分发生沉淀，SiO_2则当pH值越高时溶解度越大，从而形成$Fe-Al-CaCO_3$、Si的铝土铁质岩系的天然序列。

内陆泻湖洼地相，主要分布于息烽以北的苟江一带，其水体环境也属宁静水体，局限程度比滨岸泻湖洼地要高。形成这种局限泻湖水体的溶盆及溶洼的规模较小。由于远离海域，海水难以漫及，故其水体的淡化程度较高。其铝土铁质岩系与滨岸泻湖相相比规模要小，铁质段不发育，不发育"清镇式"铁矿。其他特征与滨岸泻湖洼地相大体一致，如也发育由碎屑状铝土矿构成的风暴沉积序列及其他机械沉积作用标志，如水平纹层、交错纹层等。为什么在该相铝土铁质岩系中"清镇式铁矿"不发育呢？这可能是由于水体局限程度及淡化程度较高，为弱碱性还原环境，不利于Fe_2O_3胶体化学沉淀，只能形成含少量赤铁矿结核的铁质页岩和含铁黏土岩，更谈不上形成铁矿了。

⑨古风化壳的形成。贵州中部即遵义以南、贵阳以北的修文、息烽、清镇一带自晚奥陶世至早石炭世均暴露于水面。纵然在不同地质时代大区域上的海陆分布曾几度变迁，如在晚奥陶世至早志留世龙马溪期贵州中部及南部隶属于滇黔桂古陆，在志留纪石牛栏期及韩家店期海水经施秉、黄平一带进入贵州南部，使原来连成一片的古陆解体形成黔中古陆、江南古陆、黔桂古陆共存之格局，中、晚志留世发生大规模海退，贵州大部（除印江、松桃一隅外）又回升成陆，泥盆纪至早石炭世又变为北陆南海之海陆格局。但早石炭世铝土铁质岩系分布区的贵州中部自晚奥陶世起始终处于这种先"南升北降"后"南降北升"的地壳运动的"轴心"部位。因此，贵州中部自晚奥陶世以后至早石炭世经历了几乎8000万年的风化剥蚀作用，足以使基底碳酸盐岩地层强烈喀斯特化，形成一个特殊的古喀斯特地貌，在不同基岩岩

性组合之上形成不同类型的古风化壳层。

⑩铝土铁质岩系的物质来源。贵州中部早石炭世铝土铁质岩系是基底地层经长期风化剥蚀的产物，即它主要来源于早、中奥陶世地层及寒武纪地层之顶的一部分风化产物。贵州中部早石炭世铝土铁质岩系之底板为寒武系娄山关群白云岩化（修文、清镇一带）及奥陶系桐梓组白云岩（遵义、苟江一带），其间有一沉积间断面，通过地层分析完全可以推断寒武系娄山关群之顶及早、中奥陶世地层，志留纪地层及泥盆纪地层之风化产物均可能成为其物源层。再者，进一步从寒武纪至泥盆纪的岩相古地理演变特征分析可知，贵州中部自晚奥陶世至泥盆纪均是露出水面的古陆，而寒武纪至中奥陶世为海域，故接受沉积。因此，提供铝土铁质岩系物质来源的地层无疑只能是早、中奥陶世地层以及寒武纪地层顶部的一部分。从邻区地层发育特征分析可知，寒武系顶部地层及早、中奥陶世地层厚达千米，既有碳酸盐岩（如桐梓组、红花园组、十字铺组、宝塔组），也具有较丰富的陆源碎屑岩（湄潭组）。它们经过长时期风化剥蚀作用后，其风化产物不管从量的方面还是质的方面为铝土铁质岩系提供丰富的物质来源都更具有实际上的可能性。也正是在娄山关群白云岩及桐梓组白云岩之不同层位地层所构成的古喀斯特不整合面的基底上，发育了许多溶蚀盆地、溶蚀洼地、溶蚀坑、溶蚀漏斗、峰丛、峰林等古喀斯特地貌，有利于老地层的风化残余物质的保存和聚集，为铝土矿的形成提供了大量而丰富的母岩物质。

⑪矿床形成机制：a.准平原古风化壳中的黏土岩及碳酸盐岩经黏土化作用形成层状黏土；b.在湿热气候条件下，水云母（白云母、伊利石）在氧化条件和酸性或弱酸性水介质作用下，经脱硅脱铁形成铝土矿矿物和高岭石矿物的成矿母岩；c.此类母岩经冲积、洪积作用至相对低洼地区沉积后，或因地下水位上升，或因湿润多雨，沉积物被沼泽水面覆盖，或间断露出水面；d.成矿母质在酸性还原环境中进一步脱硅

脱铁而形成铝土矿。

3. 贵州磷矿

（1）矿床简介：贵州是我国重要的产磷省份之一，磷矿分布较广。从地质时代来说，主要是震旦纪和寒武纪两个时代的沉积类型磷矿。产出层位有四：一产于震旦系陡山沱组上部，习称"下磷矿"；二产于灯影组中下部，习称"中磷矿"；三产于灯影组上部，为最近新发现；四产于寒武系牛蹄塘组下部，习称"上磷矿"。现依据地质时代的不同，以及由老而新的原则，统称震旦纪磷矿的含矿层位为Ⅰ、Ⅱ、Ⅲ含矿层，寒武纪磷矿的含矿层称牛蹄塘组含矿层。就矿石质量而论，以震旦系陡山沱组上部磷块岩为最佳。

（2）区域地质概况

①大地构造位置：位于上扬子地块黔北隆起区之凤冈南北向隔槽式褶皱变形区内。构造样式以宽缓背斜与紧闭向斜组合构成的隔槽式褶皱为主，具有典型的侏罗山式褶皱组合特点，同时具有近南北向的构造线特征，控制了区域矿产的展布方向和地质体赋存的空间位置。

②地层：由老到新出露有青白口系、南华系、震旦系、寒武系、少量奥陶系、石炭系、二叠系、三叠系及第四系。

（3）典型矿床介绍

①洋水磷矿区

矿区产磷块岩二层，即寒武系牛蹄塘组底部磷块岩（见寒武系磷块岩）及震旦系陡山沱组上部磷块岩（Ⅰ含矿层，习称"下磷矿"）。过去认为本区灯影组中部还产有一层"中磷矿"（Ⅱ含矿层），但经后期勘察认为，该矿层系Ⅰ含矿层因断裂而重复，属断层矿块。

矿区出露地层主要是寒武系和震旦系。与磷块岩有关地层岩石如图4.45所示。构造属一隆起之洋水短轴背斜，轴向北东25°。区内褶曲不发育，以平行轴向的走向逆断层为主，正断层次之，横向断层较少。正、逆断层对矿体有较大的破坏作用。

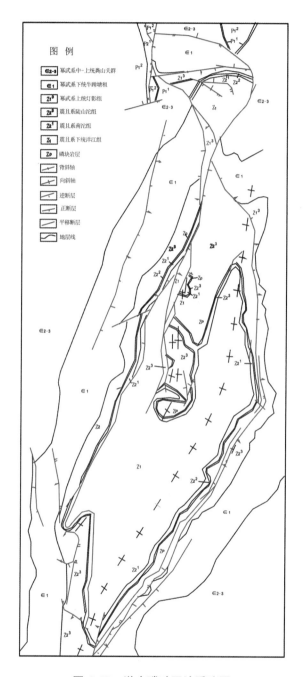

图 4.45 洋水磷矿区地质略图

（资料来源：宋小军等，2021）

　　磷块岩产于陡山沱组上部，为一稳定的单一层状矿床。矿层赋存于含矿层中上部。含矿层结构与岩石组合可分为：上部白云岩，夹硅质岩、泥（页）岩、黏土岩、含磷砾岩及磷块岩团块（条带），厚数米；中部磷块岩，厚 3～9m，最厚 15m；下部砂质白云岩、黏土岩、白云质砂岩等，夹含磷砾岩，厚 0～1m。矿层总厚度 8～15m，含矿层厚度大致沿走向向南变薄，背斜两翼西薄东厚。其岩性变化，在纵向上由上而下是白云岩→白云岩、含磷砾岩、黏土岩→磷块岩→黏土岩、砂岩→砂岩、砂砾岩；在横向上由南至北，上部白云岩、页岩→硅质白云岩、硅质岩，中部贫藻磷块岩→富藻磷块岩。含矿层中岩石的含磷性如表 4.16 所示。

表 4.16　岩石含磷性

序列		岩石名称	P_2O_5（%）
顶板		蛔状白云岩	0.15
含矿层	上部	白云岩	0.43～3.53
		硅质白云岩	1.89
		页岩（泥岩、黏土岩）	1.01～3.53
		含磷砾岩	百分之几至百分之十
	中部	磷块岩	30 余
		磷块岩夹层（页岩）	1～2
	下部	砂质白云岩	约 6
底板		砂岩（顶部）	3.18～5.71

　　矿层厚度，东翼较西翼略大，浅部稍厚于深部。西翼至南倾没部由局部尖灭至大面积缺失，为含磷白云岩或含磷黏土岩所代替（磷呈碎屑颗粒状）。矿层直接顶底板，都具有一个短暂的间断面（或海底冲刷面），由含磷砾岩向围岩逐渐过渡。矿层中一般无夹石，仅个别处夹

白云岩、页岩、粉砂岩小透镜体。

矿石呈深灰、灰色，砂状、粒状、（假）鲕状、致密状、管状、锥状藻体结构，条纹（带）状、块状、饼砾状、叠层、叠锥状藻体构造。在横向上的特征是：南部藻体大，北部小；南部少，北部多；南部锥状，且单一，北部颇为复杂。在纵向上的特征是：上部粒细，下部粒粗，最底部常有 10～20cm 之碎屑状、粗粒状结构的磷块岩，饼砾状多位于其中部或下部，条纹状以顶部为多，藻则多分布于中上部。

矿石矿物有胶磷矿和炭（氟）磷灰石，伴生矿物主要有水云母、石英、白云岩、黄铁矿、海绿石、黏土矿物等，微量矿物有锆石、方解石、绿泥石、玉髓、锰矿。陆源碎屑物以矿层底部为多，顶部次之，中部较少。

矿石属优质矿石，品位稳定。其规律是，矿层顶底略低，地表高于深部 1%～2%，品位与矿石结构有关。P_2O_5 与 CaO、F 成正变关系，而与 R_2O_3、MgO、SiO_2、CO_2 含量则为反变关系。此外，矿石中 Sr、Cu、Ba、Y、R_2O_3 的含量普遍高于克拉克值。

②白岩磷矿区

矿区位于洋水之东，白岩短轴背斜之中，轴向北西 15°～30°。岩层倾角由缓至陡，倾斜区出露地层为震旦系、寒武系。其岩性与洋水近似，但灯影组稍厚，为 256～339m。陡山沱组缺失砂页岩沉积，厚度变化大，从数米到 60m。矿区有Ⅰ、Ⅱ、Ⅲ及寒武系牛蹄塘组底部磷块岩共四个含矿层。Ⅰ含矿层分上矿层和下矿层，厚度大，品位尚好，规模大型，为本区主要勘探对象（图 4.46）。

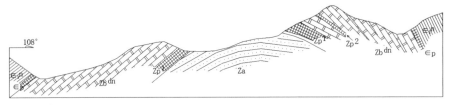

1- 寒武系下统牛蹄塘组；2- 牛蹄塘组底部磷块岩；3- 震旦系上统灯影组；4- Ⅱ含矿层；5- Ⅰ含矿层；6- 震旦系下统滩江组；7- 页岩；8- 砂岩；9- 灰岩；10- 磷块岩

图 4.46　白岩磷矿剖面图

（资料来源：宋小军等，2021）

Ⅲ含矿层在最近新发现于深部，有待进一步了解。

Ⅱ含矿层仅见于矿区东翼之北部、南部及南端倾没部三处，产于灯影组白云岩中下部，距Ⅰ含矿层 40～60m。含矿层由含磷白云岩、磷块岩、硅质白云岩、细晶白云岩组成，厚 1.8～10.6m。其直接顶底板为硅质白云岩或硅质岩，具碎屑状结构，厚 0.3m。底板为致密块状破碎之硅质白云岩。

矿体形态及厚度变化大。北部为单层透镜体，长百余米，厚 1m 多；南部深处 ZK$_4$ 钻孔中可见另一单层透镜体，厚 2m 多；再南于地表可见 3～7 层条带状、团块状磷块岩，单层厚 2～10cm，含矿层亦增为最大厚度（10.6m），延长 200m。南倾没部，层位稳定，主要为含磷白云岩，夹小的扁豆状磷块岩。产出部位，由北至南距Ⅰ含矿层略有偏高。矿体尖灭时，常为硅质岩、硅质白云岩所替代。

矿石 P$_2$O$_5$ 含量一般为百分之十几至 20%，南端倾没部的含磷白云岩仅为 6%～13%。矿石为鲕状、团块状的白云质磷块岩。

③河坝磷矿区

该矿区位于背斜东翼，轴向北东。地层产状平缓，构造简单。出露地层主要是寒武系，因风化剥蚀，其东翼有灯影组零星出露，且厚度不全（大于 150m）。灯影组为一套浅色厚层块状白云岩，结构致密。

该组之上 4～20m（一般 13m 左右）内，岩性、结构颇为复杂，磷块岩（Ⅲ含矿层）即产于它的下部（图 4.47）。

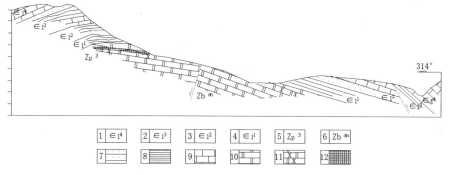

1- 寒武系下统清虚洞组；2- 金顶山组；3- 明心寺组；4- 牛蹄塘组；5- 震旦系上统Ⅲ含矿层；6- 灯影组；7- 砂岩；8- 页岩；9- 灰岩；10- 白云岩；11- 硅质（化）白云岩；12- 磷块岩

图 4.47　河坝磷矿剖面图

（资料来源：宋小军等，2021）

该矿含矿层如上所列。磷块岩有 1～3 层。上部二层呈小团块状，极不稳定，夹于白云岩中；下部主矿层，两向变化皆大，为极不连续的透镜状、团块状矿体（图 4.48）。但层位稳定，矿层厚 0～1.35m，一般为 0.2～0.7m。南部厚度稍大，连续性较好，北部次之。矿体与围岩锯齿交错或截然接触（图 4.49）。界线一般清楚，有时模糊不清。

图 4.48　河坝磷矿层厚度变化曲线图

（资料来源：宋小军等，2021）

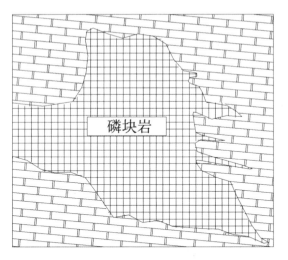

图 4.49　矿体素描图

（资料来源：宋小军等，2021）

　　矿石呈浅灰、蓝灰、灰黑色，呈胶状、贝壳状、砂粒状、（假）鲕状结构，为致密块状、多孔状、条带（纹）状构造。矿石矿物有胶磷矿（45％～65％）、（炭、氟）磷灰石（15％～50%，一般为20%～40％）、细晶磷灰石。伴生矿物主要是石英、碳酸盐、水云母，其次为黄铁矿、褐铁矿、赤铁矿、绿泥石、锆石、枯土质等。P_2O_5 在矿石中含量最高达 39.58％，品位稳定，质量尚优，且与其结构有关，砂粒状、假鲕状、条带（纹）状者贫，其他则较富。其他主要组分有 R_2O_3、MgO、SiO_2 酸不溶物，此外，V_2O_5、Ce、U 含量亦较高。

　　④新华磷矿区

　　磷矿层出露于被破坏的果化—高山半背斜的北西翼，呈单斜构造产出，倾角一般为 12°～20°（图 4.50）。矿层出露长达十余千米。

　　矿层产于寒武系下统牛蹄塘组底部，与震旦系上统灯影组呈假整合接触，属海侵程序底部化学沉积的层状磷块岩矿床类型，为中低品位磷矿床。磷块岩厚度受底界侵蚀面总的起伏程度控制，变化较大，倾角不稳定，以中段最厚，达数米至20余米，由此向东北和西南均变薄乃至尖灭。P_2O_5含量一般为百分之十几至20%。随着矿层变厚，P_2O_5含量有增高的趋势。氧化带较原生带矿石的P_2O_5含量偏高，尤以白云质磷块岩更为明显，局部地段竟高于其他地段一倍左右。

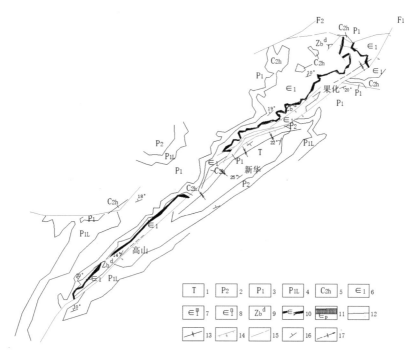

1- 三叠统；2- 上二叠统；3- 下二叠统；4- 下二叠统梁山组石英砂岩、页岩；5- 中石炭黄龙群白云岩；6- 下寒武统；7- 明心寺组页岩夹砂岩、砂页岩及灰岩；8- 牛蹄塘组碳质页岩；9- 上震旦统灯影组硅质白云岩；10- 磷矿层露头及代号；11- 磷矿岩及代号；12- 地质界线；13- 向斜轴；14- 正断层；15- 性质不明断层；16- 地层产状；17- 被破坏的背斜轴及倾没方向

图 4.50　新华磷矿地质略图

（资料来源：陈川等，2014）

　　矿层分上、中、下三部分。上部为黑色结核状磷块岩，厚0～0.7m，含矿率一般为5%～10%，P_2O_5含量约为10%，中部为黑色致密块状硅质磷块岩，夹硅质、白云质微细条带和白云质磷块岩透镜体。矿层厚0至7m多，P_2O_5含量一般为百分之十几至20%，矿石矿物主要是胶磷矿及少量细晶磷灰石，伴生矿物有石英、有机质（炭

质）、玉髓、方解石、白云石、绿泥石、绢云母、黄铁矿等，矿层下部为灰色细晶条带状白云质磷块岩。由灰色、灰白色磷块岩、含磷白云岩及黑色磷块岩相互成层，构成颜色相间的带状构造。矿层一般厚数米至 20m。P_2O_5 含量约为百分之十几，由西南向东北增高。矿石主要为白云石、胶磷矿，其次由石英、方解石、有机质、绿泥石、黄铁矿、黏土矿物等组成。除 P_2O_5 外，其他组分的含量及其氧化后的变化情况如表 4.17 所示。据表可知，硅质磷块岩氧化后，MgO、SiO_2、CaO、CO_2、F 含量相对降低，而 R_2O_3 和 H_2O 含量相对增高。

表 4.17 磷块岩组分含量

	项目矿层	MgO	CaO	R_2O_3	SiO_2	CO_2	F	H_2O
地表	硅质磷块岩（%）	0.74	28.38	9.48	20.98	3.75	0.52	1.52
	白云质磷块岩（%）	4.05	36.92	4.93	15.93	11.49	0.39	0.59
地下	硅质磷块岩（%）	3.76	29.00	0.83	24.26	2.92	1.36	0.21
	白云质磷块岩（%）	11.91	35.22	2.52	9.60	25.88	1.22	0.10

⑤坝盘磷矿区

磷矿床出露于北北东—南南西向的秦塘坡至张家屯背斜两翼，矿层产状与岩层产状一致，南东翼倾角平缓，一般为 7° ～ 20°，北西翼倾角稍陡，一般为 20° ～ 30°。矿层及其顶底板常有幅度在 10m 以内的小褶曲。

矿层产于牛蹄塘组下部燧石层之上，距震旦系上统灯影组顶界 8 ～ 45m。牛蹄塘组由下而上由炭质页岩、燧石层、磷块岩及炭质页岩组成。矿层与上部的炭质页岩有时与其下的灰色结晶灰岩组成含矿层，厚 1m 左右。矿体呈层状或似层状，厚度较稳定，一般为 0.5m。矿床属于海侵程序中浅海化学沉积的层状磷块岩矿床类型，为中低品位中型磷矿床（图 4.51）。

矿层分上、中、下三部分。上部为黑色结核状磷块岩，厚

$0.03 \sim 0.40m$，含矿率一般为 $10\% \sim 20\%$，P_2O_5 含量为百分之几至百分之十几，矿石组分及其特征如表 4.18 所示。矿层中、下部为黑灰色层状或似层状硅质钙质磷块岩，致密泥状结构，块状构造，厚 $0.3 \sim 0.5m$。P_2O_5 含量比上部高，矿石组分及其特征如表 4.19 所示。矿层中硅质、钙质赋存情况大致可以区别。其下部硅质较高、钙质较低，为硅质磷块岩；中部则钙质较高、硅质较低，为钙质磷块岩。二者无明显界线，系渐变关系。矿层除含 P_2O_5 外，还含 CaO、MgO、Al_2O_3、Fe_2O_3 酸不溶物。

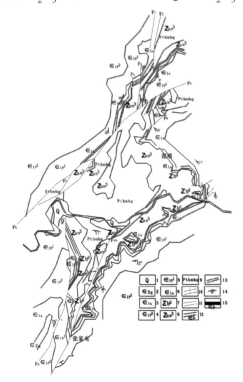

1- 浮土；2- 高台组白云岩；3- 清虚洞组白云岩、石灰岩；4- 八郎组页岩第二段；
5- 八郎组页岩第一段炭质黏土页岩、砂岩、炭质灰岩；6- 牛蹄塘组炭质页岩、磷块岩、
硅质岩；7- 灯影组白云岩；8- 南沱组冰碛砾岩；9- 清水江组变余砂岩夹板岩；
10- 实测正、逆断层；11- 实测性质不明断层；12- 实测、推测磷矿层及代号；13- 实测、
推测地质界线；14- 地层产状；15- 磷块岩及代号

图 4.51　坝盘磷矿区地质略图

（资料来源：宋小军等，2021）

表 4.18　矿层上部矿石组分及特征

矿物名称	矿物特征	含量(％)
胶磷矿	隐质密集分布呈泥状与有机质相伴	主要
炭磷灰石	呈椭圆形	少
有机质	纤维状于胶磷矿边缘，偶见短条带	20～30
石英	条带状、不规则状	3～8
海绿石	粉砂、粒状，偶见不规则状（微交代胶磷矿）	1～6
黄铁矿	他形粒状	1左右
黏土矿物	他形柱状或立方晶体	少
玉髓		少

表 4.19　矿层中、下部矿石组分及特征

矿物名称	矿物特征	含量(％)
胶磷矿	非晶质、隐晶质聚集呈泥状、胶状、球粒状及角砾状	主要
磷灰石	不规则柱状、粗粒状	2～3
方解石	不规则状、球粒状、细胶状、脉状	6～20
石英	粉砂粒状	4～8
炭质	泥状（与胶磷矿不均相伴）	少～5
黄铁矿	细立方晶体，密集呈不规则状、条带状、粒状	1～4
绢云母	鳞片状（石英中）	少～2
海绿石	粒状	少
黄铜矿		微

（4）贵州磷矿成矿条件的相关认知

①大地构造与磷矿沉积的关系

洋水、白岩的 I 含矿层，磷矿石品位较高，厚度亦大，矿层单一，

这两个地区均位于 QZ 隆起（台拱）北缘，东西遥相对峙。而 QB 及 QDN，Ⅱ矿层增多，厚度变小，品位降低。这些现象不免发人深思，似与大地构造有关。QZ 隆起在寒武纪末，上升露出海面，在奥陶、志留、泥盆等系长期遭受剥蚀，自二叠纪以后，又覆没于海面以下，沉积盖层较薄。这表明此隆起为一稳定地区。震旦系地层在本地区出露极少，对晚震旦世的古地理情况未能掌握，但从隆起的稳定性特征推断，本区在晚震旦世沉积时期可能亦较稳定。正因为如此，在洋水、白岩一带，海水深度变化较小，相对平静，因而陡山沱组的沉积物也就比较单一，岩石组合简单。特别是在磷矿沉积时期，地壳更为稳定，为磷矿富集创造了良好条件，沉积了品位富、厚度大、矿层单一的稳定的磷矿床。远离此区，如松林、南皋等地，因地壳升降次数较多，海水振荡频繁，沉积环境不断变换，故形成了比较复杂的岩性组合，不仅夹有黑色页岩、白云岩、泥灰岩等，而且磷矿层层数亦增多。由此可见，大地构造与地壳活动、岩相分布关系密切。固然，控制磷矿成矿条件的因素很多，但大地构造对成矿的控制作用应该是一个不容忽视的条件。如果 QZ 地区大地构造控制磷矿成矿为一主导因素，那么，QZ 隆起就是优质磷矿的一个重要远景区。

贵州位于扬子准地台一级大地构造单元之上。关于二级构造单元的划分，命名不一，不管命名怎样，从地壳活动情况来看，贵州是扬子准地台上的一个沉降带或凹陷带，QZ 隆起就是这个凹陷带中的三级构造单元。以此而论，洋水、白岩的优质磷矿沉积，正处于一个二级构造单元中相对稳定的三级构造单元范围之内。简单地说，即正处于一个大的构造单元中的相对稳定部分。这种现象是否为一普遍规律，尚不敢肯定，有待于借助全国各地的实际材料加以检验。

②古气候对磷矿成矿的影响

震旦系上统陡山沱组和寒武系下统牛蹄塘组，都有大量的黑色页岩沉积，证明当时气候温暖，磷矿即生成于这个温暖条件之下。联系到陡山沱组与南沱冰碛层的气候条件，则表现为骤然由冷变热。因此，有人认为在气候寒冷条件下，海水富集大量 CO_2，而磷质物又易溶于 CO_2，因而海水磷质增高，随着气候变暖，CO_2 逐步逸出，磷酸钙缓慢沉淀。当气候突然由冷变热，则 CO_2 大量逸出，磷酸钙也就大量沉淀。所以气候骤变对磷矿成矿起着主导的控制作用。但震旦系灯影组白云岩与寒武系牛蹄塘组的黑色页岩沉积表明，从灯影期到牛蹄塘期二者的气候只是渐变而非突变，且震旦系 Ⅱ、Ⅲ 两个含矿层都是产于灯影组白云岩中的磷块岩，更没有急剧的气候变化特征。因此，气候突变是磷矿成矿条件的主导因素这一说法看来不是一个普遍的规律，只不过在特定环境下起一定作用而已。

③贵州磷矿生成的化学条件

陡山沱组和牛蹄塘组的含矿层均与黑色页岩相伴生，矿层顶底板或矿层中时见黄铁矿，矿层本身含有机质，这是磷矿在还原条件下形成的证明。矿层中普遍有海绿石，说明磷矿又是浅海沉积的产物。因此，贵州震旦系和寒武系的磷矿是在浅海还原条件下形成的，至于还原作用在磷矿形成过程中起了什么作用，化学反应如何进行，因资料不足，目前无法论证。

此外，产于灯影组中的磷矿，顶底板均为硅质白云岩（或硅质岩），若其矿层尖灭，则常又相变为硅质白云岩。这说明该类磷矿是在海水盐度较高的情况下沉积的。那种认为磷块岩只能沉积于正常海水的说法，显然与这种现象是矛盾的。

④磷矿生成与沉积间断和古海地貌的关系

陡山沱组与南沱冰碛层之间，牛蹄塘组与灯影组之间，均有沉积间断存在。两个时期的磷矿都生成于海侵初期。对于磷矿产于海侵初期的原因目前难以解答。可能海侵初期地壳沉降处于开始阶段，下降速度较慢，有利于磷矿沉积。

这两个时期的沉积情况变化万端。从陡山沱组来看，贵州东部及北部均有磷矿产出，而东北及东南尚未发现工业矿床，且两区的岩性组合亦不尽相同，说明两个地区的沉积条件是互有差异的。影响沉积的因素很多，海底地貌应该是一个重要的因素。据初步设想，中部及北部似为一海水盆地，海水深度适宜，利于成矿。黔东北及黔东南则海水浅，成矿条件较差，故无磷矿岩沉积。

再从牛蹄塘组与灯影组接触来看，有的地区如松林、新华等地，磷矿直接位于灯影组侵蚀面之上，矿体多富集于侵蚀面的低凹处。但有的地区如坝盘一带，磷矿层之下、灯影组白云岩之上尚有数米至40余米的硅质层。我们认为这些现象是由于各地接受海侵的时间有所不同。在寒武纪海侵的初期，坝盘等地海水首先侵入，沉积硅质层。此时松林、新华等地尚位于海水面以上，遭受剥蚀，缺少硅质层沉积，迨至磷沉积时，海侵遍及全省，致使省内各地都有不同规模的磷块岩沉积。

由于磷矿沉积时期各地海底地貌及其他地质条件的不同，各地磷矿的物质组合和厚度也有变化。例如，新华磷矿厚度大，含稀土，形成一个独特的沉积相区；又如，磷矿为浅海相沉积，在磷矿沉积过程中经常受到海水活动的影响，使已沉积的矿层遭到破坏，产生角砾状结构和冲刷现象，体现了磷质的再沉积作用。

以上只是列举了一些零星现象，不够系统。总之，海侵初期的海底地貌比较复杂，研究海底地貌，对于阐明磷矿成矿规律具有一定的实用意义。我们对此研究尚浅，还须进一步工作。

⑤氟的来源问题

两个时代的磷矿普遍含氟，含量为0.40%～3.92%。关于氟的来源，从目前掌握的资料来看，似应来自海水，并非来自火山喷发。在陡山沱组磷矿沉积时期，贵州及邻省未发现有火山活动。在云南、四川等邻省，南沱组等地层中虽有火山碎屑物质，但其喷发时期早于磷矿沉积，与磷矿生成无直接关系。牛蹄塘组磷矿沉积时，据目前发现亦未见有火山活动现象。因此，贵州磷矿中的氟来自火山喷发的说法似难成立。海水中一般含氟可达 0.0001%（现代海水），对磷矿沉积起促进作用，并与磷矿相结合。贵州磷矿中氟元素来自海水的说法较为可信。

⑥关于磷质来源问题

对于磷质来源问题，说法不一。有的认为江南古陆和康滇地轴控制贵州磷矿成矿，并为磷矿提供物质来源。但从两个时代磷矿沉积时期的古地理情况分析，并非如此。众所周知，康滇地轴北部晚震旦世和早寒武世地层均有分布，说明这两个时期均为海水淹没，海水与贵州相连，并与古陆共存。至于江南古陆，除部分地区外，其他地区均有晚震旦系海相沉积。至于部分地区震旦系上统地层缺失原因，究竟是剥蚀缺失，还是沉积缺失，目前还不敢肯定。即便是剥蚀缺失，其范围也并不太大，只不过是晚震旦世海中的一个孤岛。早寒武世的古地理情况大致与晚震旦世相似，仅寒武系下统地层缺失范围略为宽广一些罢了。由于两个古陆在两个时代的磷矿沉积时期均为海水所淹没，因此就不可能为贵州磷矿提供物质来源。即或有孤岛存在，其所提供的物质也是有限的，不可能生成如此广大范围的磷矿床。再从贵州北部至四川盆地和贵州南部到广西北部古地理情况分析，这两个时代亦无古陆存在。据此，贵州磷矿物质来源于古陆的说法，不得不令人产生怀疑。如果一定要说贵州磷矿的物质来源于古陆，那么古陆应当离贵州很远。究竟古陆在哪里？目前这还是一个不能解答的问题。由此看来，贵州磷矿的物质来源似与古陆无关。

也有人怀疑磷质来源于海底火山喷发。但正如我们在讨论氟的来源时所指出的那样，磷矿沉积时期，没有火山活动现象，邻省虽有火山碎屑物，但其喷发期早于磷矿沉积，没有直接关系。因此，这种怀疑也是值得商榷的。

洋水磷矿有较多的藻磷块岩，某些呈粒状结构，也有人认为是虫粪遗迹；寒武系磷矿中普遍具生物结构（海绵骨针）及生物碎屑结构。此外，在各地矿层中都不同程度地含有有机质，含矿层多夹黑色页岩；灯影组白云岩中含藻丰富。这些现象证明当时气候适宜，有大量低级生物出现。所以有贵州磷矿磷质来源于生物的设想。

⑦关于贵州磷矿成因问题

磷质来源于生物是有零星资料可以证明的。这些生物除藻、海绵外，还有哪些？究竟磷矿是由生物死亡后直接堆积而成，还是生物解体先溶解于海水再经化学作用而沉积？目前还得不出确切的答案。就目前研究结果看来，两种情况都存在。所以我们认为贵州磷矿似为浅海还原条件下的生物化学沉积（图4.52）。

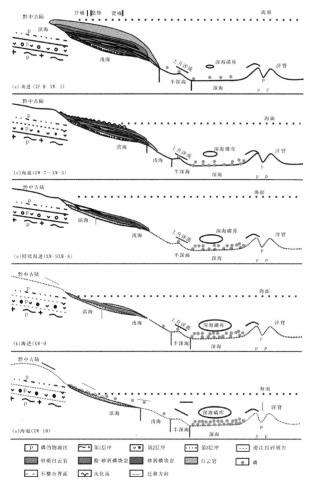

图4.52 贵州某磷矿成矿模式图

（资料来源：曹胜桃等，2022）

综上所述，贵州磷矿的富集与海底地貌有关；优质磷矿位于大凹陷带中的相对稳定部分；磷质来源于生物，矿床属生物化学沉积。这些只是一个初步认识，随着磷矿地质工作的不断实践、地质资料的大量积累、研究工作的不断深入，无疑将逐步对其补充、修改，使其更加完善。

4.8.3 实验前准备

（1）复习"沉积矿床"章节，尤其是贵州沉积矿床。
（2）掌握沉积矿床典型矿石结构构造的鉴定依据。

4.8.4 实验过程

1.读图

沉积铁、锰、铝、磷矿床的分布往往是具有区域性的，有一定的层位和沉积岩相特点，分布在古陆周围。要从地质图、岩相古地理图、剖面图上注意观察这些规律。

2.判断矿床类型及其主要特征

3.观察标本

（1）沉积铁、锰、铝矿床被认为是胶体沉积矿床，沉积磷块岩是生物化学沉积矿床。在观察岩石和矿床标本时，要注意沉积构造，如交错层理、干裂、波痕、藻叠层构造等。这些沉积构造往往反映一定的沉积环境。

（2）沉积的铁、锰、铝矿床可以划分出氧化物、碳酸盐、硫化物等矿物相带，反映沉积时不同的物理化学环境。这类矿床的矿石往往具有鲕状、豆状等构造，显示了胶体结构的特征。沉积磷矿床往往从矿物成分、结构构造、含矿围岩等方面反映出自己的沉积环境和成矿特点。

（3）镜下观察矿石光片，重点是矿石的结构。

（4）把标本观察与图件观察联系起来，尽可能找出标本在图上的位置，对比不同矿体的产状、形状以及它们矿石结构构造上的差异，分析其成因。

4.整理总结

把对实验资料的观察和分析按教师布置的实习作业要求加以整理，编写实验研究报告书。

4.8.5　实验研究报告书

陈述海相沉积的铁、锰、铝、磷等沉积矿床在含矿建造、赋矿岩系、沉积环境、成矿作用等方面有哪些异同。

4.8.6　思考题

1.胶体化学沉积矿床为什么常产在侵蚀间断面之上？

2.掌握铁、锰、铝沉积矿床的含矿岩系剖面特征，对指导找矿勘探工作有何意义？

3.对贵州沉积矿床有何种看法？

4.9　变质矿床

4.9.1　目的要求

（1）了解变质作用内涵及变质矿床类型。

（2）理解受变质矿床和变成矿床内涵。

（3）掌握变质矿床的基本地质特点及形成条件。

4.9.2 实验资料

1.弓长岭铁矿床

（1）矿床简介：弓长岭铁矿是我国最早发现、最早开采的铁矿之一，属BIF型铁矿床（沉积变质型铁矿床），是我国最重要的铁矿类型，查明资源储量335.19亿吨，约占全国铁矿查明资源储量的55.2%，在鞍本地区BIF型铁矿床中含有高品质的磁铁富矿床，其中最著名的就是弓长岭二矿区富铁矿床。

（2）区域地质概况

①大地构造位置：弓长岭铁矿田位于鞍本地区的中部。鞍本地区在大地构造上位于华北地台辽东台背斜的西部，弓长岭铁矿田处于鞍山凸起（鞍本地区的四级构造单元）中。鞍山凸起近东西向展布，大部分是由太古宇鞍山群变质岩及混合岩构成的。鞍山凸起的西部被NE向的郯庐断裂所切割，断裂以西就是下辽河凹陷了（图4.53）。

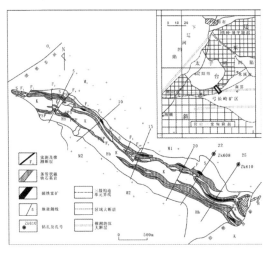

Q–第四系；M1–上混合花岗岩层；M2–下混合花岗岩层；Am–斜长角闪岩；K–黑云变粒岩（标志层）；SPS–石英绿泥角闪片岩；PSP–底部片岩；H–绿泥石榴岩、绿泥片岩；Hb–底部角闪岩；π–长石石英岩脉；S–硅质岩层；O_1–下奥陶统

图 4.53　弓长岭铁矿二矿区地质平面图

（资料来源：刘大为，2017）

②地层：鞍本地区出露的岩层较全，自下而上从新太古代的鞍山群地层到中生代的白垩纪地层再到新生代的第四纪地层。弓长岭铁矿田赋存于新太古代的鞍山群茨沟组中。本区出露鞍山群地层有茨沟组、大峪沟组和樱桃园组。

③区域构造：区域内地质构造复杂，褶皱和断裂构造均很发育。主要褶皱有弓长岭背斜、三道岭 – 下马塘背斜。由于后期断裂构造发育，褶皱构造大多已遭受破坏，致使岩层残缺不全，或发生远距离错动。鞍本地区断裂构造发育，按其产状大致可分为 NNE 向、NE 向、NW 向及 EW 向四组。其中对该区地质构造影响较大的是 NNW 向的郯庐断裂、NE 向的寒岭断裂、NW 向的石桥子断裂、W 及 EW 向的太子河断裂等。

④岩浆活动和岩浆岩：鞍本地区的含铁岩系与太古宙的花岗岩关系密切，部分含铁岩系嵌入混合岩或混合花岗岩中。鞍本地区出露的太古代花岗岩主要有中太古代花岗岩、新太古代花岗岩。鞍本地区铁矿床被夹于中太古代花岗岩和新太古代花岗岩之间。

（3）矿床地质特征

弓长岭铁矿床可以分为一矿区、二矿区、三矿区和老岭—八盘岭矿区 4 个矿区。其中，二矿区位于弓长岭铁矿带西北段，是最主要的含矿区域。下面主要以二矿区为例介绍该矿床地质特征。

①含铁岩系特征：含铁石英岩建造位于 NW-SE 向大复背斜东北翼，呈单斜地层，倾角陡，延长 4000 ～ 5000m，已知延伸大于 1000m（表 4.20）。

表 4.20　含铁岩系特征

编号	岩层特征	厚度
III	上混合岩层：岩性与下混合岩层基本相同	约 100m
～～～～～～～～～～～～～～侵入接触～～～～～～～～～～～～～～		

编号	岩层特征	厚度
II₅	石英岩	30～100m
II₄	上含铁带	—
⑤	第六层铁矿（Fe₆），即主要富铁矿层	50～60m
④	上斜长角闪岩层	6～22m
③	第五层铁矿（Fe₅）	10～15m
②	下斜长角闪岩层	10～40m
①	第四层铁矿（Fe₄）	10m
II₃	中部黑云母钠长石变粒岩层夹第三层铁矿（Fe₃）	70～100m
II₂	下含铁带	
④	第二层铁矿（Fe₂）	2～27m
③	中部片岩层	2～12m
②	第一层铁矿（Fe₁）	2～18m
①	下部片岩层	3～36m
II₁	角闪岩层	
～～～～～～～～～～～～～～侵入交代接触～～～～～～～～～～～～～～		
I	下混合岩层：条带状混合岩和伟晶混合岩	1500m

②构造特征：弓长岭铁矿田呈带状构造发育，褶皱、断层齐全，它们控制着铁矿床的分布。铁矿带整体呈北西向，长约12km，但由于受寒岭断裂、偏岭断裂等一系列近平行的北东向断层的影响，铁矿带被切割为一矿区、二矿区、三矿区、老岭—八盘岭矿区。北东向断层将北西向铁矿带错断为断陷区和断隆区，断陷区由于下降而有利于含铁岩系的保存，断隆区由于上升遭受剥蚀强烈而不利于含铁岩系的保存。

③矿体特征：矿体呈层状，倾向北东，倾角 60°～90°，有时倒转。富矿体呈层状、透镜状，产于贫矿体内，主要赋存在 Fe_4、Fe_2 内；厚度由几十厘米至几十米，延长几十米至千余米，延伸由几十米至千米以上；倾向、倾角大致与贫矿一致。富矿体的主要控矿构造是 Fe_6，下盘的走向逆断层，此断层延长 2km 以上，延伸 1km，倾向 NE。沿该断层在 Fe_6 中形成了鞍山—本溪地区最大的富矿体，即弓长岭二矿区主矿体。Fe_6 延续 4800m，厚 50～60m，西北薄、东南厚，有些地方因断层重叠，厚度增大到 100～150m。Fe_6 中有两个大的富矿体。其一，走向延长 1840m，似层状，有穿层分枝现象，产状与贫铁矿层基本一致，厚度变化大，向上变薄，深部较稳定，厚 5～30m；其二，走向延长 1820m，似层状，产状与贫铁矿层一致，厚 5～30m。

④矿物组成：金属矿物有磁铁矿、赤铁矿、假象赤铁、褐铁矿；非金属矿物有石英、角闪石类、绿泥石、磷灰石，还含极少量的绿泥石、碳酸盐矿物、菱铁矿、黄铁矿和黄铜矿等。

⑤矿石结构构造：结构主要包含柱状变晶结构、粒状变晶结构、嵌晶结构等；构造主要表现为条带状构造。

⑥围岩蚀变：富铁矿附近有明显的围岩蚀变，呈单侧带状分布。富矿体由内向外依次为铁镁闪石化、石榴石化、绿泥石化。蚀变常发育于富铁矿体一侧的夹层中，一般宽十几米到几十米。一般蚀变强烈的地方，蚀变带宽，往往富矿体亦较厚；围岩蚀变弱的地方，富矿体小或没有。蚀变岩石常具片状构造，片理平行于富矿体外形。富矿体及围岩蚀变年龄为 1800～2000Ma。具体如图 4.54 所示。

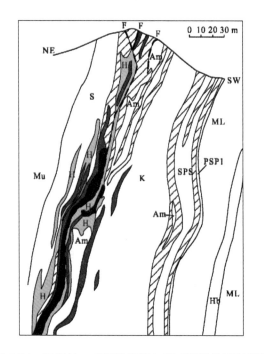

图 4.54　弓长岭二矿区蚀变岩与富矿接触关系示意图

（资料来源：朱凯等，2016）

⑦矿床形成机制：a.早前寒武纪铁矿遭受了不同程度的区域变质作用，矿物重结晶或矿物相重新组合，含铁建造以磁铁矿、赤铁矿、石英为主；b.变质作用进一步加剧至混合岩化阶段，上述含铁建造可被铁闪石、磁铁矿、石英组合替代，至麻粒岩相，可出现紫苏辉石、透辉石、磁铁矿、石英等组合；c.混合岩化流体进一步使铁质富集，形成富铁矿石。

2.江苏锦屏磷矿床

（1）矿床简介：位于江苏省海州地区，发现于1919年，属变质型磷矿床。

（2）区域地质概况

①大地构造位置：位于中朝陆块山东地块南缘。

②地层：为震旦纪变质岩系，包括混合岩系（混合花岗岩、混合片

麻岩、眼球状片麻岩）、含磷岩系、白云母片岩系（图4.55）。

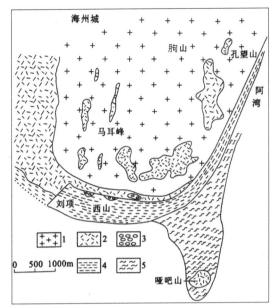

1- 混合花岗岩；2- 混合片麻岩；3- 眼球状片麻岩；4- 含磷岩系；5- 白云母片岩

图 4.55 江苏海州磷矿地质略图

（资料来源：袁见齐等，1985）

（3）矿床地质特征

①含磷岩系地层：由二层含磷变质白云岩和二层白云质云母片岩组成。二者交替出现，组成上、下磷矿层及云母片岩层（图4.56）。

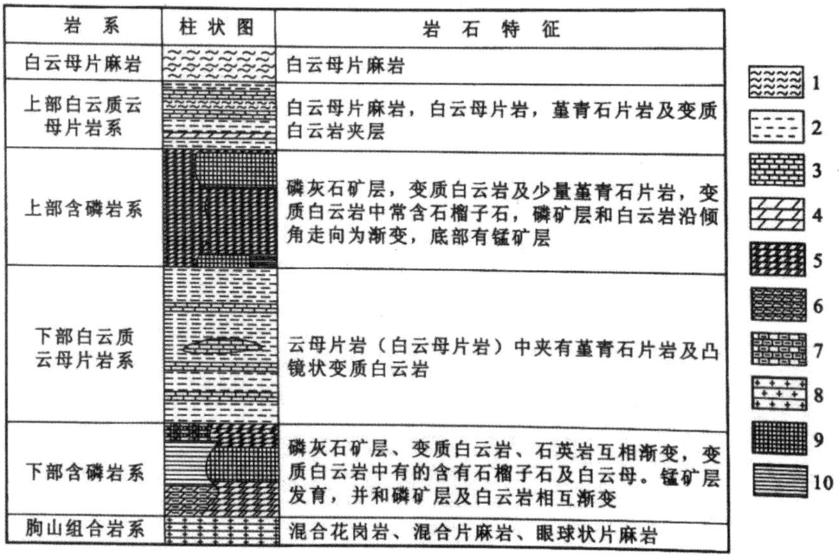

岩 系	柱 状 图	岩 石 特 征
白云母片麻岩		白云母片麻岩
上部白云质云母片岩系		白云母片麻岩，白云母片岩，堇青石片岩及变质白云岩夹层
上部含磷岩系		磷灰石矿层，变质白云岩及少量堇青石片岩，变质白云岩中常含石榴子石，磷矿层和白云岩沿倾角走向为渐变，底部有锰矿层
下部白云质云母片岩系		云母片岩（白云母片岩）中夹有堇青石片岩及凸镜状变质白云岩
下部含磷岩系		磷灰石矿层、变质白云岩、石英岩互相渐变，变质白云岩中有的含有石榴子石及白云母。锰矿层发育，并和磷矿层及白云岩相互渐变
胸山组合岩系		混合花岗岩、混合片麻岩、眼球状片麻岩

1– 白云母片麻岩；2– 云母片岩；3– 堇青石片岩；4– 变质白云岩；5– 石榴子石变质白云岩；6– 云母变质白云岩；7– 石英岩；8– 混合岩；9– 磷灰石矿层；10– 锰矿层

图 4.56　海州磷矿含磷岩系综合岩层柱状图

（资料来源：袁见齐等，1985）

a.下部含磷系：由变质白云岩、石英云母变质白云岩与磷灰石矿层组成，还夹有白云质石英岩和锰矿层等。岩层相变大，整个岩系在东山矿区完全变为锰土矿层及石英岩；而在西山矿区，石英岩常沿走向变为锰土层。总厚 40m。

b.下部及上部白云质云母片岩：本层片理发育，且保存原始产状，是含矿层的围岩，两者为渐变关系。主要由白云质云母片岩、石英云母片岩、含石英白云质云母片岩组成。下部白云质云母片岩一般厚 65～250m；上部白云质云母片岩在西山厚 300m，在东山仅厚 0～13m。

c.上部含磷岩系：多分布于东山矿区，主要由磷灰石矿层、变质白云岩、含磷石英岩组成，此外还有堇青石片岩、石榴子石变质白云岩等。

上部矿体产在花岗岩化强烈的东山区，矿层呈极不规则的透镜体，纵向、横向相变化明显；下部矿体在西山区最发育，在东山区为石英岩及锰矿层所代替，至陶湾一带则逐渐尖灭。含矿层长 1900m，厚 l～19m。矿体中间厚，两端薄，倾角达 70°。上部矿体发育在东山区，至西山区变为变质白云岩，在陶湾一带为断续出露的凸镜体。矿体长 900m，厚 14～40m，倾角缓。矿体呈层状，夹于上、下变质白云岩系中，与围岩片理产状一致。

②矿石矿物组成及结构构造特征

a. 细粒磷灰岩为本区最主要矿石类型，以氟磷灰石、细晶磷灰石及白云石为主，其次有石英及白云母，以变均粒结构为主，呈致密块状构造。

b. 锰磷矿石仅见于西矿区，褐黑色锰质层与白云磷灰岩互层，以细晶磷灰石、土矿物、软锰矿、硬锰矿为主，其次有石英、白云母及白云石。

c. 云母磷灰岩分布在下部含磷层底部，以细晶磷灰岩、石英及白云母为主。

③矿床形成机制：a. 原生磷块岩的沉积期，相对稳定时期，由于海侵，在海盆中沉淀了磷块岩；b. 变形和变质作用期，受后期构造运动影响，普遍遭受中等区域变质作用及晚期变质热液交代作用，隐晶质和胶状结构的磷灰岩变为细晶质磷块岩，使微细的黏土－磷块岩变为易选的白云母－白云石－磷灰石矿石；c. 风化作用期，遭后期风化淋滤作用，在地表形成疏松土状构造的锰磷矿石。

4.9.3　实验前准备

复习"变质矿床"章节的知识，重点掌握变质矿床的形成条件及变质作用类型。

4.9.4　实验过程

1. 读图

（1）区域地质图：找出矿区在图上的位置，观察区域内矿床分布位置。

（2）矿区地质图：观察分析矿体的产出部位、矿体平面形态、矿体分布规律、矿体与构造的关系。

（3）地质剖面图：观察矿体在垂直方向上的产状、形状。

2. 判断矿床类型及其主要特征

结合有关沉积岩和沉积矿床的知识，分析哪些是原来的沉积特征，哪些是变质作用引起的变化。

3. 观察标本

首先，观察手标本，即岩石标本和矿石标本。巩固岩石标本和矿石标本的观察描述知识，观察矿石标本时还要注意区分矿石类型，区分哪些是原岩特征，哪些是由于变质作用形成的特征。

其次，镜下观察矿石光片，重点是矿石的结构。

最后，把标本观察与图件观察联系起来，尽可能找出标本在图上的位置，对比不同矿体的产状、形状以及它们矿石结构构造上的差异，分析其成因。

4. 整理总结

把对实验资料的观察和分析按教师布置的实习作业要求加以整理，编写实验研究报告书。

4.9.5　实验研究报告书

（1）根据展示的变质矿床实例说明它们各属于受变质矿床还是变成矿床，为什么？

（2）混合岩化矿床的特点是什么？

4.9.6　思考题

1. 为什么说鞍山式铁矿是变质矿床？

2. 沉积磷矿与变质磷矿主要的地质特点及差别有哪些？

3. 与变质矿床有关的矿产有哪些？

第 5 章
矿床学虚拟仿真实验项目

研究某一矿床的根本目的是了解掌握其形成机制，以便通过掌握到的矿床区域背景、矿床形成的物理化学条件去反映矿床形成的过程，但涉及的内容较多，很多情况下，学生无法将所学知识点进行整合，也就导致对矿床的形成过程理解不透彻。随着数字模拟技术的普及，其应用范围日益扩大，以笔者所在院校为例，已建成矿床成因模拟实验室，以典型矿床作为对象，对其形成过程进行动画模拟及制作相应的模型，这可以对理解矿床形成机制起到非常显著的促进作用。由于版权问题，本章只展示部分模型图，如需进行模拟实验操作，请联系贵州理工学院资源与环境工程学院。

5.1　岩浆矿床模型

岩浆矿床模型共计 8 个分模型，部分模型图如图 5.1。

阶段 1：聚集大量有用物质及硅酸盐的岩浆。阶段 2：随着温度、压力下降，有用矿物与硅酸盐矿物同时结晶沉淀。阶段 3：有用矿物与硅酸盐矿物都以自形晶沉淀在岩浆体底部或边部，形成底层状矿体——早期岩浆矿床。阶段 4：随着温度、压力下降，有用矿物晚于硅酸盐矿物结晶沉淀，硅酸盐矿物先以自形晶沉淀。阶段 5：有用矿物充填在先形成的硅酸盐矿物晶粒之间形成他形集合体——晚期岩浆矿床。阶段 6：随着温度、压力下降，岩浆分离成两种或两种以上的熔融体。阶段 7：各自冷凝沉淀在岩浆房中，含大量成矿物质的熔浆按晚期岩浆矿床的成矿方式形成，或含有用矿物的矿浆通过压滤 - 扩容成矿方式充填在周围的围岩中，形成贯入式矿体——岩浆熔离矿床。

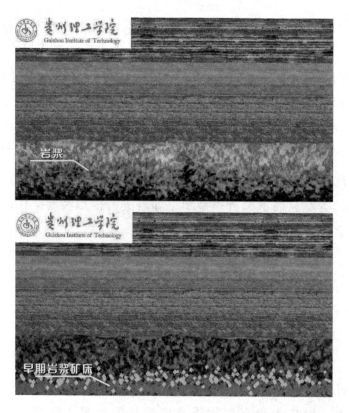

图 5.1　岩浆矿床部分成矿阶段模型

5.2　岩浆爆发矿床模型

岩浆爆发矿床模型共计 4 个分模型，部分模型图如图 5.2。

阶段 1：地下深处（地幔）岩浆房。阶段 2：岩浆房中的超基性岩浆通过大断裂从地幔快速到达地表。阶段 3：地幔碳在上升到地表的通道中快速冷凝结晶形成晶芽。阶段 4：经过多次快速岩浆活动，晶芽在地表附近聚集结晶形成金刚石矿床——岩浆爆发矿床。

图 5.2　岩浆爆发矿床部分成矿阶段模型

5.3　伟晶岩矿床模型

伟晶岩矿床模型共计 7 个分模型，部分模型图如图 5.3。

阶段 1：特殊情况下在变质岩类围岩中形成花岗岩熔浆。阶段 2：随着温度的下降，花岗岩熔浆慢慢冷凝结晶，形成边缘带、外侧带、中间带、内核 4 个理想结晶分带。阶段 3：通过结晶析出的大量含成矿物质的气液不断交代中间带，形成大量有用矿物的聚集，形成伟晶岩矿床。

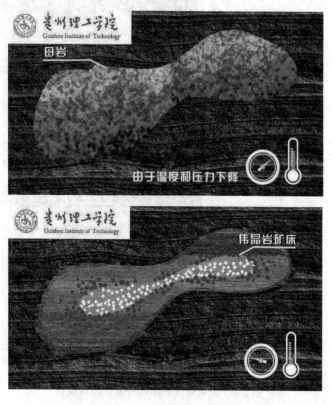

图 5.3　伟晶岩矿床部分成矿阶段模型

5.4 生物化学沉积矿床模型

生物化学沉积矿床模型共计 6 个分模型，部分模型图如图 5.4。

阶段 1：海洋中含有大量的磷，生物繁茂。阶段 2：含磷生物死亡后沉于海底。阶段 3：在海底，生物软体分解出大量 NH_3，硬体分解出大量的 P 质，形成（NH_4）$_3PO_4$。阶段 4：由于洋流上升作用，大量（NH_4）$_3PO_4$ 被带到浅海陆棚一带。阶段 5：在浅海陆棚一带，由于 CO_2 分压的减少，（NH_4）$_3PO_4$ 沉淀生成含大量胶磷矿的磷块岩矿床，形成生物化学沉积矿床。

图 5.4 生物化学沉积矿床部分成矿阶段模型

5.5　区域变质矿床模型

区域变质矿床模型共计 6 个分模型，部分模型图如图 5.5。

阶段 1：广大区域范围的岩石中含有大量的成矿物质。阶段 2：成矿物质受区域构造应力的作用，部分成矿物质在区内挤出的各种水体的作用下，形成含矿热液。阶段 3：这些含矿热液迁移至形成的构造通道中。阶段 4：在这些构造通道中含矿热液通过交代或充填等方式形成矿体，最终形成区域变质矿床。

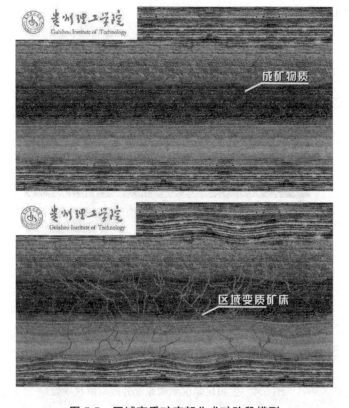

图 5.5　区域变质矿床部分成矿阶段模型

5.6　接触交代矿床模型

接触交代矿床模型共计 7 个分模型，部分模型图如图 5.6。

阶段 1：地下中酸性岩浆与碳酸盐岩类围岩形成接触地带。阶段 2：通过接触带构造发育地带的单交代作用，即岩浆冷凝析出的含成矿物质的热液向围岩交代。阶段 3：单交代结果，在围岩中成矿物质形成"火苗状"矿体。阶段 4：通过接触带构造不发育地带的双交代作用，两边的代表性物质通过停滞的粒间溶液向对方迁移。阶段 5：有用矿物在接触带及附近的岩浆岩和围岩中形成矿体聚集。

图 5.6　接触交代矿床部分成矿阶段模型

5.7 岩浆热液矿床模型

岩浆热液矿床模型共计 4 个分模型，部分模型图如图 5.7。

阶段 1：中酸性岩浆在冷凝过程中，不断析出大量的气水热液，同时带出大量的有用物质，形成含矿热液。阶段 2：含大量有用物质的成矿热液沿着导矿断裂构造通道迁移，并向配矿构造迁移，含矿热液通过配矿构造向容矿构造迁移。阶段 3：在容矿构造中，含矿热液通过交代围岩方式使成矿物质聚集成矿体。阶段 4：在容矿构造中，含矿热液通过充填方式在围岩中使成矿物质聚集成矿体。

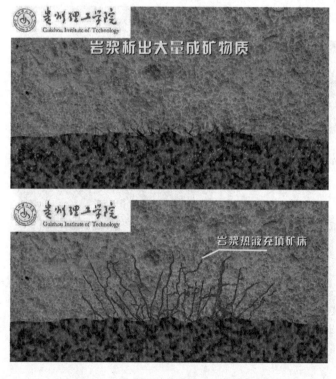

图 5.7 岩浆热液矿床部分成矿阶段模型

5.8 斑岩型矿床模型

斑岩型矿床模型共计 6 个分模型，部分模型图如图 5.8。

阶段 1：侵入围岩中的中酸性次火山岩浆，形成岩筒。阶段 2：在岩筒中形成环状、放射状断裂。阶段 3：含矿热液向环状、放射状断裂运移，各种物质与围岩发生交代作用。阶段 4：形成各种分带的围岩蚀变和有用矿物沉淀。

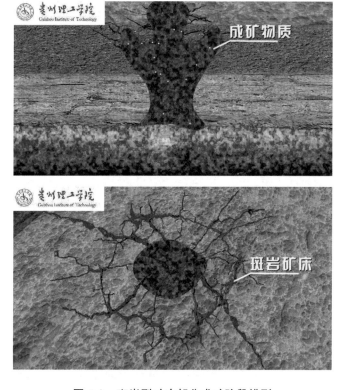

图 5.8 斑岩型矿床部分成矿阶段模型

5.9 层控矿床模型

层控矿床模型共计 6 个分模型，部分模型图如图 5.9。

阶段 1：地层中含有较多成矿物质的矿源层形成。阶段 2：天水下降通过断裂、裂隙等构造深渗循环，不断从矿源层中萃取出成矿物质形成含矿热液。阶段 3：后期构造运动，使矿源层或周围的围岩产生断裂、裂隙或褶皱构造。阶段 4：含矿热液在这些构造中交代或充填形成矿床。

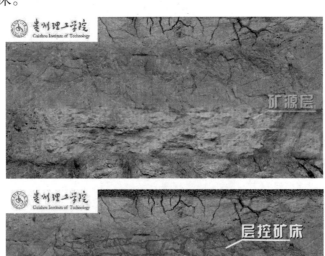

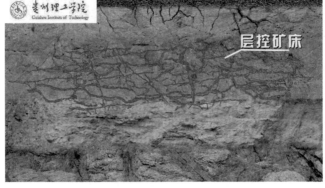

图 5.9　层控矿床部分成矿阶段模型

5.10 沉积矿床模型

沉积矿床模型共计 5 个分模型，部分模型图如图 5.10。

阶段 1：大陆风化壳带来如铁、锰、铝等以胶体形式被大量搬运的成矿物质。阶段 2：成矿物质以胶体形式被搬运入海洋。阶段 3：在海岸线附近形成铝土矿沉积。阶段 4：在较远处形成赤铁矿沉积。阶段 5：在最远处形成锰矿床沉积。

图 5.10 沉积矿床部分成矿阶段模型

附录 I　矿石手标本及镜下照片

1A 矿石手标本构造照片

钛－铁矿石块状构造
由磁铁矿和钛铁矿（含量大于80%）及
少量硅酸盐矿物（黑色）组成，矿物集
合体无方向性，致密无空洞

铬矿石浸染状构造
铬铁矿集合体（黑色）呈星散状较均匀
地分布于蛇纹石化橄榄岩中

汞矿石角砾状－脉状构造
含辰砂的石英－方解石胶结围岩角砾或
呈脉状沿围岩裂隙充填

铅－锌矿石晶洞状构造
石英（灰白色）的部分晶洞内长有方铅
矿的晶体

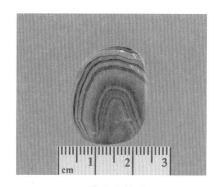

玛瑙胶状构造
由不同颜色、不同宽度的二氧化硅变胶
体组成环带

锡矿石网脉状构造
黄铁矿、闪锌矿等硫化物沿硅质岩中的
网脉裂隙穿插交代

铅－锌矿条带状构造
铅锌硫化物（暗色）沿硅化大理岩（白色）
的微层理交代，形成黑白相间的条带

硫铁矿石蜂窝状构造
原生硫化物矿石经风化作用后，其中的
易溶组分淋滤流失，难溶的褐铁矿残留
下来形成孔洞

氧化矿石皮壳状构造
闪锌矿氧化后形成的菱铁矿、水锌矿等
胶体物质呈皮壳状（白色）覆盖在蜂窝
状构造的表面

铜多金属矿石纹层状构造
黄铁矿、黄铜矿（黄色）为主与方铅矿、
闪锌矿（黑色）为主构成相间分布的纹层

磷矿石皱纹构造
白云质条带状磷灰石，经变质作用弯曲
形成皱纹状

铬矿石斑杂状构造
铬铁矿集合体（黑色）形态不规则，大
小不一致，且分布不均匀，某些部位呈
团块状，某些部位呈浸染状

铁矿石气孔状构造
磁铁矿矿石中有形态不规则的气孔，大
小不一，孔壁上布满磁铁矿的晶体。后
期有时会被黄铁矿、石英或方解石充填

铬矿石豆状构造
铬铁矿集合体外形为圆形或椭圆形，形
似豆粒，分布于蛇纹石化橄榄岩中

铁矿石鲕状构造
赤铁矿在胶体溶液中围绕砂粒或其他碎
屑沉淀成密集的鲕粒（$D < 2mm$）

铁矿石肾状构造
赤铁矿在胶体溶液中沉积形成，外表呈
较大的圆形或椭圆形的凸面，形似肾状

铁矿石结核状构造
赤铁矿在胶体溶液中沉淀的团块呈球状，
切面显示出明显的胶状同心环带以及凝
胶收缩形成的放射状干裂纹

锑矿石晶簇构造
辉锑矿的完好柱状自形晶集合体呈晶簇状

（资料来源：中国地质大学（武汉）"矿床学"精品课程网站）

1B 矿石镜下结构照片

 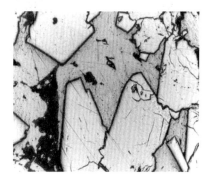

金矿石自形粒状结构
毒砂（白色）的自形晶呈菱形或长条状，
周围灰色为石英（D=0.6mm）

铅锌矿石半自形粒状结构
毒砂（亮白色）自溶液中结晶，多数颗
粒结晶外形发育不完全，呈半自形粒状，
周围矿物为方铅矿（白色）（D=0.6mm）

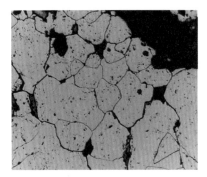

铁铜矿石他形粒状结构

黄铁矿颗粒（浅黄色）呈他形粒状分布，暗灰色为透明矿物（$D=1.2mm$）

镍矿石海绵陨铁结构

他形磁黄铁矿、黄铜矿、镍黄铁矿等铜镍硫化物（白色）呈他形粒状集合体包围在硅酸盐矿物（暗灰色）周围（$D=1.2mm$）

金矿石包含结构

草莓状黄铁矿的草莓粒（黄色）被自形（菱形）毒砂包裹，其他矿物为黄铁矿、石英（$D=0.048mm$）

铜矿石网状结构

铜蓝及透明矿物沿黄铁矿（浅黄色）网状裂隙充填交代（$D=0.3mm$）

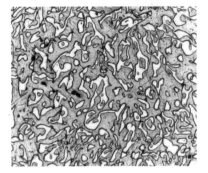

铅锌矿石文象结构

黄铁矿（浅黄色）被方铅矿（白色）交代，交代参与似象形文字（$D=1.2mm$）

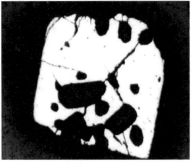

铅锌矿石骸晶结构

自形黄铁矿的内部和边缘被碳酸盐矿物溶蚀交代，仍基本保留黄铁矿的自形形态（$D=1.2mm$）

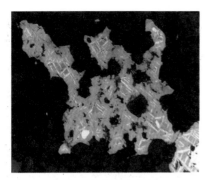

铜矿石交代残余结构
斑铜矿（玫瑰色）与黄铜矿（铜黄色）
被铜蓝（蓝色）和褐铁矿（灰色）交代
呈残余状，交代残余显示黄铜矿在斑铜
矿中呈格状分布（D=0.3mm）

（氧化）金矿石假象结构
自形黄铁矿被褐铁矿交代，黄铁矿
假象中显示原生黄铁矿成分不均匀
（D=0.16mm）

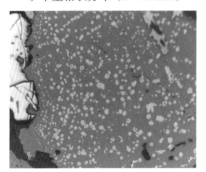

铅锌矿石乳滴状结构
黄铜矿呈细小乳滴分布在闪锌矿（灰色）
中（D=0.3mm）

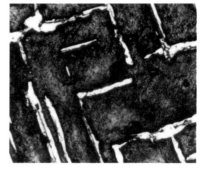

钒钛磁铁矿矿石格状结构
钛铁矿（白色）沿磁铁矿（黑灰色）解
理分布呈格状（D=1.2mm）

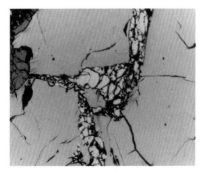

镍铜矿石结状结构
镍黄铁矿（浅黄色）的固溶体出溶物呈
环结状包围在磁黄铁矿（紫红色）周围
（D=1.2mm）

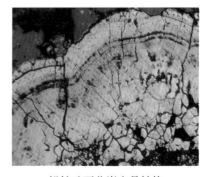

铅锌矿石花岗变晶结构
由胶状黄铁矿经重结晶作用形成的黄铁矿
变晶呈等粒状，边缘呈放射状，保留胶状
同心环带和凝缩而成的干裂纹（D=0.4mm）

 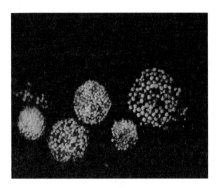

氧化铜矿石放射状变晶结构　　　　　　　硫铁矿石草莓结构

胶状孔雀石经重结晶作用而成的孔雀石　　由几十粒自形黄铁矿组成的球状集合体

针状变晶，呈放射状排列（D=1.2mm）　　　　　形似草莓（D=0.6mm）

注：D 为视域直径。

（资料来源：中国地质大学（武汉）"矿床学"精品课程网站）

附录 II 主要矿产资源规模要求

矿种	计算单位	大型	中型	小型
铁矿	矿石 亿吨	> 1	0.1 ～ 1	< 0.1
富铁矿	矿石 亿吨	> 0.2	0.02 ～ 0.2	< 0.02
锰矿	矿石 亿吨	> 1000	100 ～ 1000	< 100
铬矿	矿石 万吨	> 100	10 ～ 100	< 10
钛矿	TiO_2 万吨	> 10	5 ～ 10	< 5
钒	V_2O_5 万吨	> 50	5 ～ 50	< 5
镍	Ni 万吨	> 5	1 ～ 5	< 1
钴	Co 万吨	> 2	0.1 ～ 2	< 0.1
钨	WO_2 万吨	> 4	0.5 ～ 4	< 0.5
锡	Sn 万吨	> 4	0.4 ～ 4	< 0.4
钼	Mo 万吨	> 5	0.5 ～ 5	< 0.5
铋	Bi 万吨	> 4	0.5 ～ 4	< 0.5
铜	Cu 万吨	> 50	5 ～ 50	< 5
铅	Pb 万吨	> 50	5 ～ 50	< 5
锌	Zn 万吨	> 50	5 ～ 50	< 5
汞	Hg 万吨	> 0.1	0.02 ～ 0.1	< 0.02
锑	Sb 万吨	> 10	1 ～ 10	< 1
铝	矿石 万吨	> 1000	100 ～ 1000	< 100
金	Au 吨	> 10	1 ～ 10	< 1
银	Ag 吨	> 100	10 ～ 100	< 10
钽	Ta_2O_5 吨	> 500	100 ～ 500	< 100
铌	Nb_2O_5 吨	≥ 5000	500 ～ 5000	< 500
铍	BeO 万吨	> 1000	100 ～ 1000	< 100
锆	ZrO 千吨	> 5	1 ～ 5	< 1
锂	Li 矿物 千吨	> 10	1 ～ 10	< 1

矿种	计算单位	大型	中型	小型
镉	Cd　吨	> 1000	200 ~ 1000	< 200
稀土（铈组）	千吨	> 10	1 ~ 10	< 1
稀土（钇组）	吨	> 200	50 ~ 200	< 50
锶	天青石　万吨	> 10	5 ~ 10	< 5
磷灰石	万吨	> 5000	500 ~ 5000	< 500
硫铁矿	S　万吨	> 1000	100 ~ 1000	< 100
石膏	万吨	> 1000	100 ~ 1000	< 100
岩盐卤水	亿吨	> 1	0.5 ~ 1	< 0.5
钾盐	万吨	> 1000	100 ~ 1000	< 100
明矾	万吨	> 5000	1000 ~ 5000	< 1000
砷	As　万吨	> 1	0.1 ~ 1	< 0.1
重晶石	万吨	> 50	10 ~ 50	< 10
钾长石	万吨	> 100	10 ~ 100	< 10
云母	万吨	> 0.5	0.02 ~ 0.5	< 0.02
温石棉	万吨	> 100	10 ~ 100	< 10
闪石棉	万吨	> 5	0.5 ~ 5	< 0.5
菱镁矿	亿吨	> 1	0.5 ~ 1	< 0.5
硼	B_2O_3　万吨	> 10	1 ~ 10	< 1
萤石	万吨	> 50	5 ~ 50	< 5
耐火黏土	万吨	> 1500	100 ~ 1500	< 100
滑石	万吨	> 50	10 ~ 50	< 10
高岭土	黏土量　万吨	> 500	100 ~ 500	< 100
石墨	万吨	> 100	20 ~ 100	< 20
金刚石（原生矿）	万克拉	> 100	20 ~ 100	< 20

（资料来源：《矿产工业要求参考手册》）

参考文献

[1] 陈毓川，李兆鼐，毋瑞身，等.中国金矿床及其成矿规律 [M].北京：地质出版社，2001.

[2] 陈毓川，朱裕生，李文祥.中国矿床成矿模式 [M].北京：地质出版社，1993.

[3] 曹胜桃，谢宏，郑禄林，等.黔中息烽磷矿床成矿环境、成矿作用及成矿模式探讨 [J].古地理学报，2022，24（3）：1—17.

[4] 陈锌，李玲.贵州万山汞矿地质特征及硫同位素组成和意义 [J].四川有色金属，2018（4）：14—17.

[5] 陈剑锋，张辉，张锦煦，等.新疆可可托海 3 号伟晶岩脉锆石 U–Pb定年、Hf 同位素特征及地质意义 [J].中国有色金属学报，2018，28（9）：1832—1844.

[6] 陈列锰.甘肃金川 I 号岩体及其铜镍硫化物矿床特征和成因 [D].贵阳：中国科学院地球化学研究所，2009.

[7] 段超，李延河，毛景文，等.宁芜火山岩盆地凹山铁矿床侵入岩锆石微量元素特征及其地质意义 [J].中国地质，2012，39（6）：1874—1884.

[8] 胡受奚，周顺之，刘孝善，等.矿床学（上、下）[M].北京：地质出版社，1983.

[9] 花永丰，刘幼平.贵州万山超大型汞矿成矿模式 [J].贵州地质，1996（2）：161—165.

[10] 金景福，陶琰，赖万昌，等.湘中锡矿山式锑矿成矿规律及找矿方向 [M].成都：四川科学技术出版社，1999.

[11] 梁祥济.中国卡岩和矽卡岩矿床形成机理的实验研究 [M].北京：学苑出版社，2000.

[12] 刘大为，王铭晗，刘素巧，等.辽宁弓长岭铁矿二矿区条带状铁建造地球化学特征及成因探讨 [J].吉林大学学报（地球科学版），2017，47（3）：694—705.

[13] 陆贵龙.山东招远河东金矿床地质特征与矿床成因研究 [D].北京：中国地质大学，2015.

[14] 李志红，朱祥坤.河北省宣龙式铁矿的地球化学特征及其地质意义 [J].岩石学报，2012，28（9）：2903—2911.

[15] 梁永生.冀西北"宣龙式"铁矿中磁铁矿特征及生成机制 [D].北京：中国地质大学，2019.

[16] LING K Y，TANG H S，ZHANG Z W，et al. Host Minerals of Li–Ga–V–Rare Earth Elements in Carboniferous Karstic Bauxites in Southwest China[J]. Ore Geology Reviews，2020（119）：103—325.

[17] 马久菊，李惠，孙凤舟，等.湖南省锡矿山锑矿床飞水岩矿段构造叠加晕研究及深部预测 [J].地质找矿论丛，2014，29（4）：587—595.

[18] 弭希风，胡瑞忠，付山岭，等.湖南锡矿山超大型锑矿床围岩蚀变元素迁移特征及定量计算研究 [J].矿物岩石地球化学通报，2019，38（1）：103—113.

[19] 裴荣富.中国矿床模式 [M].北京：地质出版社，1995.

[20] 彭建堂，胡瑞忠.湘中锡矿山超大型锑矿床的碳、氧同位素体系 [J].地质论评，2001，47（1）：34—41.

[21] 钱敏.德兴斑岩铜矿床蚀变与矿化特征研究 [D].中国地质大学，

2015.

[22] 任启江，胡志宏，严正富，等．矿床学概论 [M]．南京：南京大学出版社，1993．

[23] 尚浚，卢静文，彭晓蕾，等．矿相学 [M]．北京：地质出版社，2007．

[24] 宋小军，曾道国，巩鑫，等．贵州瓮福磷矿含磷岩系层序特征及黔中古陆控矿意义 [J]．地质找矿论丛，2021，36（1）：19—28．

[25] 孙学娟，倪培，迟哲，等．南京栖霞山铅锌矿成矿流体特征及演化：来自流体包裹体及氢氧同位素约束 [J]．岩石学报，2019，35（12）：3749—3762．

[26] 孙华山，何谋春，杨振．矿床学实习指导书 [M]．武汉：中国地质大学出版社，2009．

[27] 唐炎森．锦屏磷矿翻卷褶皱的研究 [J]．江苏地质，1990（4）：21—26．

[28] 陶琰，高振敏，金景福，等．湘中锡矿山式锑矿成矿地质条件分析 [J]．地质科学，2002（2）：184—195+242．

[29] 王贤觉．新疆阿尔泰 3 号伟晶岩脉碱的演化与地球化学阶段的划分 [J]．地球化学，1980，6（2）：186—192．

[30] 伍守荣，赵景宇，张新，等．新疆阿尔泰可可托海 3 号伟晶岩脉岩浆 – 热液过程：来自电气石化学组成演化的证据 [J]．矿物学报，2015，35（3）：299—308．

[31] 王莹，熊先孝，东野脉兴，等．中国磷矿资源预测模型及找矿远景分析 [J]．中国地质，2022，49（2）：435—454．

[32] 魏新良，景山，孙学娟．南京栖霞山铅锌矿床地质特征与成因 [J]．地质学刊，2019，43（4）：573—583．

[33] 肖荣阁，刘敬党，费红彩，等．岩石矿床地球化学 [M]．北京：地震出版社，2008．

[34] 徐益龙，黄德志，刘震，等．宁芜盆地凹山铁矿床黄铁矿 Re-Os 同位素定年及其地质意义 [J]．岩石矿物学杂志，2019，38（2）：

219—229.

[35] 肖凡，王恺其.德兴斑岩铜矿床断裂与侵入体产状对成矿的控制作用：从力－热－流三场耦合数值模拟结果分析 [J].地学前缘，2021，28（3）：190—207.

[36] 夏建明.辽宁弓长岭 BIF 型铁矿田成矿环境与富铁矿床形成机制的研究 [D].沈阳：东北大学，2013.

[37] 姚凤良，孙丰月.矿床学教程 [M].北京：地质出版社，2006.

[38] 袁见齐，朱上庆，翟裕生.矿床学 [M].北京：地质出版社，1985.

[39] 朱凯，刘正宏，徐仲元，等.弓长岭铁矿蚀变岩及富矿成因 [J].地学前缘，2016，23（5）：235—251.

[40] 张玉松.黔中铝土矿铝质岩中锂元素赋存状态及分离富集机理研究 [D].贵阳：贵州大学，2021.

[41] 张克学.万山汞矿南区矿床地质特征、控矿规律及找矿模式 [J].矿产与地质，2017，31（5）：864—868.

[42] 翟裕生，姚书振，蔡克勤.矿床学（第三版）[M].北京：地质出版社，2011.